中等职业教育专业技能课教材
中等职业教育中餐烹饪专业系列教材

风味面点制作

FENGWEI MIANDIAN ZHIZUO（第2版）

主　　编　段金枝

副 主 编　张桂芳　郭启昌　陈　君

参　　编　刘建坤　葛伶俐　陈金福　陈　坤

　　　　　梁雪梅　戴青容　马存芳

摄　　影　张　冬

U0280223

重庆大学出版社

内容提要

　　本书由京式面点制作、苏式面点制作、广式面点制作和川式面点制作四大板块构成，内容涵盖各风味流派面点的地域范围、形成历史、风味特点、典型品种、常见品种的制作流程等。全书图文并茂，通俗易懂，体例活泼新颖。本书既可作为中等职业学校中餐烹饪与营养膳食专业的实训配套教材，也可作为相关行业专业人员技能培训教材和参考用书。

图书在版编目（CIP）数据

风味面点制作 / 段金枝主编. －－2版. －－重庆：
重庆大学出版社，2022.5
中等职业教育中餐烹饪专业系列教材
ISBN 978-7-5624-9067-8

Ⅰ．①风⋯　Ⅱ．①段⋯　Ⅲ．①面食—制作—中等专业
学校—教材　Ⅳ．①TS972.116

中国版本图书馆CIP数据核字（2021）第244338号

中等职业教育中餐烹饪专业系列教材
风味面点制作
（第2版）
主　编　段金枝
副主编　张桂芳　郭启昌　陈　君
参　编　刘建坤　葛伶俐　陈金福　陈　坤
　　　　梁雪梅　戴青容　马存芳
摄　影　张　冬
策划编辑：沈　静
责任编辑：杨　敏　　版式设计：沈　静
责任校对：谢　芳　　责任印制：张　策

*

重庆大学出版社出版发行
出版人：饶帮华
社址：重庆市沙坪坝区大学城西路21号
邮编：401331
电话：（023）88617190　88617185（中小学）
传真：（023）88617186　88617166
网址：http://www.cqup.com.cn
邮箱：fxk@cqup.com.cn（营销中心）
全国新华书店经销
重庆长虹印务有限公司印刷

*

开本：787 mm×1092 mm　1/16　印张：13.25　字数：331千
2015年7月第1版　2022年5月第2版　2022年5月第5次印刷
印数：9 001—12 000
ISBN 978-7-5624-9067-8　定价：59.00元

中等职业教育中餐烹饪专业系列教材
主要编写学校

北京市劲松职业高级中学

北京市外事学校

上海市商贸旅游学校

上海市第二轻工业学校

广州市旅游商务职业学校

江苏旅游职业学院

扬州大学旅游烹饪学院

河北师范大学旅游学院

青岛烹饪职业学校

海南省商业学校

宁波市古林职业高级中学

云南省通海县职业高级中学（玉溪烹饪学校）

安徽省徽州学校

重庆市旅游学校

重庆商务职业学院

出版说明

 2012 年 3 月 19 日,教育部职业教育与成人教育司印发《关于开展中等职业教育专业技能课教材选题立项工作的通知》(教职成司函〔2012〕35 号),重庆大学出版社高度重视,根据通知精神认真组织申报,与全国 40 余家职教教材出版基地和有关行业出版社积极竞争。同年 6 月 18 日教育部职业教育与成人教育司致函(教职成司函〔2012〕95 号)重庆大学出版社,批准重庆大学出版社立项建设中餐烹饪专业中等职业教育专业技能课教材。这一选题获批立项后,作为国家一级出版社和教育部职教教材出版基地的重庆大学出版社珍惜机会,统筹协调,主动对接全国餐饮职业教育教学指导委员会(以下简称"全国餐饮行指委"),在编写学校邀请、主编遴选、编写创新等环节认真策划,投入大量精力,扎实有序推进各项工作。

 在全国餐饮行指委的大力支持和指导下,我社面向全国邀请了中等职业学校中餐烹饪专业教学标准起草专家、餐饮行指委委员和委员所在学校的烹饪专家学者、一线骨干教师,以及餐饮企业专业人士,于 2013 年 12 月在重庆召开了"中等职业教育中餐烹饪专业立项教材编写会议",来自全国 15 所学校 30 多名校领导、餐饮行指委委员、专业主任和一线骨干教师参加了会议。会议依据《中等职业学校中餐烹饪专业教学标准》,商讨确定了 25 种立项教材的书名、主编人选、编写体例、样章、编写要求,以及配套电子教学资源制作等一系列事宜,启动了书稿的撰写工作。

 2014 年 4 月为解决立项教材各书编写内容交叉重复、编写体例不规范统一、编写理念偏差等问题,以及为保证本套立项教材的编写质量,我社在北京组织召开了"中等职业教育中餐烹饪专业立项教材审定会议"。会议邀请了时任全国餐饮行指委秘书长桑建先生、扬州大学旅游烹饪学院路新国教授、北京联合大学旅游学院副院长王美萍教授和北京外事学校高级教师邓柏庚组成审稿专家组对各本教材编写大纲和初稿进行了认真审定，对内容交叉重复的教材在编写内容划分、表述侧重点等方面作了明确界定，要求各门课程教材的知识内容及教学课时，要依据全国餐饮行指委研制、教育部审定的《中等职业学校中餐烹饪专业教学标准》严格执行，配套各本教材的电子教学资源坚持原创、尽量丰富，以便学校师生使用。

本套立项教材的书稿按出版计划陆续交到出版社后，我社随即安排精干力量对书稿的编辑加工、三审三校、排版印制等环节严格把关，精心安排，以保证教材的出版质量。此套立项教材第 1 版于 2015 年 5 月陆续出版发行，受到了全国广大职业院校师生的广泛欢迎及积极选用，产生了较好的社会影响。

在此套立项教材大部分使用 4 年多的基础上，为适应新时代要求，紧跟烹饪行业发展趋势和人才需求，及时将产业发展的新技术、新工艺、新规范纳入教材内容，经出版社认真研究于 2020 年 3 月整体启动了此套教材的第 2 版全新修订工作。第 2 版修订结合学校教材使用反馈情况，在立德树人、课程思政、中职教育类型特点，以及教材的校企"双元"合作开发、新形态立体化、新型活页式、工作手册式、1+X 书证融通等方面做出积极探索实践，并始终坚持质量第一，内容原创优先，不断增强教材的适应性和先进性。

在本套教材的策划组织、立项申请、编写协调、修订再版等过程中，得到教育部职成司的信任、全国餐饮职业教育教学指导委员会的指导，还得到众多餐饮烹饪专家、各参编学校领导和老师们的大力支持，在此一并表示衷心感谢！我们相信此套立项教材的全新修订再版会继续得到全国中职学校烹饪专业师生的广泛欢迎，也诚恳希望各位读者多提改进意见，以便我们在今后继续修订完善。

重庆大学出版社

2021 年 7 月

前 言
（第2版）

　　为适应中等职业教育烹饪专业的发展，不断推进专业改革，改进教学方法，转变学生学习方式，提高教学质量，努力为社会培养更多更好的烹饪人才，根据国家对中职教育的发展意见，我们在总结借鉴以往教学经验的基础上，组织有关人员编写了《风味面点制作》，并在第1版的基础上进行了修订。

　　本书紧跟餐饮烹饪产业发展趋势和行业人才需求，及时将产业发展的新技术、新工艺、新规范纳入教学内容，编写内容围绕深化教学改革和"互联网+职业教育"发展需求，突出"做中学、做中教"的职业教育教学特色，体现以学生为主体的思想和行为导向的教学观，以全新的视角审视风味面点制作的精髓，采用"以工作任务为中心，以典型品种为载体"的项目化编写方法，用图片的形式将工艺流程一一展示出来。本书在兼顾基础知识和基本功实践训练的同时，剖析了风味面点制作的难点和重点，是一本科学性、实践性、应用性很强的专业教材。

　　《风味面点制作》全书由京式面点制作、苏式面点制作、广式面点制作、川式面点制作4个项目构成，内容涵盖各风味流派面点的地域范围和形成历史、风味特点、典型品种、常见品种的制作流程。全书图文并茂、通俗易懂，体例活泼新颖。本书既可作为中等职业学校中餐烹饪与营养膳食专业的实训配套教材，也可作为相关行业专业人员技能培训教材和参考用书。

　　本书由云南省通海县职业高级中学（玉溪烹饪学校）段金枝任主编，上海市商贸旅游学校张桂芳、云南省通海县职业高级中学（玉溪烹饪学校）郭启昌、四川省商务学校陈君担任副主编。具体编写分工如下：上海市商贸旅游学校张桂芳负责编写的策划，以及蟹壳黄、三丝眉毛酥、玉米形船点、天鹅形船点、蟹粉小笼包、豌蓉秋叶包6个品种的制作和编写；云南省通海县职业高级中学（玉溪烹饪学校）刘建坤负责水饺、拉面、老婆饼、凤梨酥、春饼、狗不理包子、肉末烧饼7个品种的制作和编写，陈金福负责蛋黄莲蓉月饼、笋尖鲜虾饺、奶黄包、糯米烧卖、锅贴、赖汤圆、广式油条7个品种的制作和编写，葛伶俐负责黄桥烧饼、云腿月饼、玫瑰鲜花饼、荞糕、岭南鸡蛋挞、桃酥、伦教糕7个品种的制作和编写，陈坤负责麻圆、脆麻花、萨其玛3个品种的制作和编写；四川省商务学校陈君、梁雪梅、戴青容负责龙抄手、叶儿粑、担担面、蛋烘糕4个品种的制作和编写；云南省通海县职业高级中学（玉溪烹饪学校）张冬负责图片的采集，马存芳负责排版工作。此外，中国烹饪大师宫润华老师在本书编写过程中给予了许多指导和帮助，在此一并表示感谢！

由于编者水平有限，书中不足之处在所难免，恳请专家、同行及广大读者批评指正。

编　者

2022 年 2 月

前言

（第1版）

为适应中等职业教育中餐烹饪与营养膳食专业的发展，不断推进专业改革，改进教学方法，转变学生学习方式，提高教学质量，努力为社会培养更多更好的烹饪人才，根据国家对中职教育的发展意见，我们在总结和借鉴以往教学经验的基础上，组织有关人员编写了《风味面点制作》。

本书在编写内容上突出"做中学，做中教"的职业教育教学特色，体现以学生为主体的思想和行为导向的教学观，以全新的视角审视风味面点制作的精髓，采用"以工作任务为中心，以典型品种为载体"的项目化编写方法，用图片的形式将风味面点制作的工艺流程一一展示出来。本书在兼顾基础知识和基本功实践训练的同时，剖析了风味面点制作的难点和重点，是一本科学性、实践性、应用性很强的专业教材。

本书由云南省玉溪市通海县职业高级中学段金枝任主编，上海市商贸旅游学校张桂芳、云南省玉溪市通海县职业高级中学郭启昌、四川省商业服务学校陈君任副主编。具体编写分工如下：上海市商贸旅游学校张桂芳负责编写样本的策划，以及玉米形船点、天鹅形船点、蟹粉小笼包、豌蓉秋叶包、蟹壳黄、三丝眉毛酥的制作和编写；云南省玉溪市通海县职业高级中学刘建坤负责水饺、拉面、春饼、狗不理包子、肉末烧饼、凤梨酥、老婆饼的制作和编写，陈金福负责蛋黄莲蓉月饼、笋尖鲜虾饺、奶黄包、糯米烧卖、锅贴、赖汤圆、广式油条的制作和编写，葛伶俐负责黄桥烧饼、云腿月饼、玫瑰鲜花饼、荞糕、岭南鸡蛋挞、桃酥、伦教糕的制作和编写，陈坤负责麻圆、脆麻花、萨其马的制作和编写；四川省商业服务学校陈君、梁雪梅、戴青容负责龙抄手、叶儿粑、担担面、蛋烘糕的制作和编写；云南省玉溪市通海县职业高级中学张冬负责图片的采集，马存芳负责排版工作。此外，中国烹饪大师宫润华老师、通海县教育局教科所罗树伟所长在本书的编写过程中给予了许多指导和帮助，在此一并表示感谢！

由于编者水平有限，书中不足之处在所难免，恳请专家、同行及广大读者批评指正。

编　者

2015 年 4 月

目录

contents

目录

contents

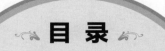

contents

项目1

京式面点制作

学习目标

◇ 掌握京式面点的地域范围、形成历史和特点。

◇ 掌握常见京式面点的制作方法、流程、制作关键和成品要求。

◇ 加强对学生实际职业能力的培养，重视示范教学和学生自我实践相结合，让学生在实践活动中掌握京式面点的制作技能。

任务1 京式面点流派简介

1.1.1 京式面点的地域范围和形成历史

京式面点泛指黄河流域及黄河以北的大部分地区（包括山东、华北、东北等地）的面点，因其以北京地区面点为代表，故称京式面点。

北京是我国的首都，历史悠久、文化深远，使之博采各地面点制作的精华。特别是清宫仿膳面点，集天下精湛技艺于一身，花式繁多、造型精美，极富传统民族特色。京式面点师擅长制作面食，并有许多独到之处，如被称为中国面食绝技的"四大面食"：抻面、刀削面、小刀面、拨鱼面，均以独特的技能、风味享誉国内外。

1.1.2 京式面点的特点

京式面点的主坯材料以面粉、杂粮居多，品种繁多、工艺精湛、风味多样；皮质硬实、有劲，口感筋道、爽滑；馅心口味甜咸分明，咸馅多用葱、姜、黄酱、香油等调料，肉馅多用"水打馅"，口感鲜咸而香、柔软松嫩。

1.1.3 京式面点的代表性品种

具有代表性的京式面点品种有龙须面、天津狗不理包子、沙其马、肉末烧饼、豌豆黄、"都一处"烧卖、芸豆卷、京八件等。

任务2 京式面点常见品种的制作

1.2.1 水饺制作（以木鱼形水饺为例）

[任务描述]

我们平时吃的面食有很多种，其中水饺是大家经常食用的一种，尤其是北方人，多把水饺当作主食。水饺的馅心多种多样，外形也各不相同。

[学习目标]

1.学会拌制水饺馅。

2.学会和面、揉面、搓条、下剂、擀制水饺皮等操作步骤。

3.能包捏木鱼形水饺，掌握成形方法。

4. 掌握面点的基本操作流程和技能。

[任务实施]

[边看边想]

相关知识介绍

你知道吗？ 制作水饺需要用的设备、工具、原料和调味料。

设　备：操作台、炉灶等。

工　具：双擀或单擀、面刮板、瓷盘、馅挑、料缸、炒锅、炒勺、漏勺等。

原　料：①面团：高筋粉500克，食盐4克，水等适量。
　　　　②馅心：猪肉末350克，香菇（碎）200克，木耳（碎）100克，香菜末10克，姜末5克，食盐6克，鸡精4克，白糖5克，老抽5克，生抽8克，料酒10克，芝麻油6克，胡椒粉2克。

调味料：盐、白糖、味精、胡椒粉、红油辣椒、陈醋等。

[知识链接]

1. 水饺用什么面团制作？

水饺用冷水面团制作。

2. 冷水面团采用怎样的调制工艺流程？

下粉掺水 —— 拌和 —— 揉搓 —— 饧面

3. 水饺采用哪种成熟方法？

煮制法。

[成品要求]

1. 色泽洁白。
2. 形态边窄肚圆，形似木鱼，大小均匀。
3. 质感皮薄馅大，吃口鲜嫩。

[边做边学]

操作步骤

调制馅心 → 调制面团 → 搓条下剂 → 压剂擀皮 → 包馅成形 → 煮制成熟

1）操作指南

步骤1 调制面团

序号 Number	流程 Step	图解 Comment	安全 / 质量 Safety/Quality
1	将高筋粉置于操作台上，开窝。将冷水分次倒入面粉中，加入食盐。		加水时少量多次，掌握好加水量。
2	将高筋粉先炒拌成"雪花状"，再淋洒适量水，揉成较硬的面团。		左手用面刮板抄拌，右手配合揉面。
3	反复揉面，直到面团质地均匀、色泽光洁。		揉面的手法要正确，达到"三光"（面光、手光、操作台光，下同）要求。可采用单手或双手揉面。
4	用干净的湿毛巾将面团盖好，饧面10～15分钟。		掌握好饧面时间。

步骤 2　调制馅心

序号 Number	流程 Step	图解 Comment	安全 / 质量 Safety/Quality
1	将猪肉末放入盆内，先加入适量食盐、老抽、料酒、胡椒粉拌匀。		用馅挑朝一个方向搅拌均匀。
2	先加入香菇（碎）、木耳（碎）拌匀，调入白糖、鸡精，再加入姜末、香菜末、芝麻油拌匀即可。		加入香菇（碎）和木耳（碎）后，拌匀即可。调味时把握好量，不可过咸。

步骤 3　搓条下剂

序号 Number	流程 Step	图解 Comment	安全 / 质量 Safety/Quality
1	双手将面团由中间向两边搓成粗细均匀的条状。		双手用力要均匀，搓条时不要撒面粉。
2	左手握住面条，右手捏住剂条的顶端，用力揪下剂子。		左手和右手配合要协调，掌握好下剂的力度。
3	分别将面条揪成大小一致的剂子，每个剂子分量约为 8 克。		剂子大小均匀，分量准确。

步骤 4　压剂擀皮

序号 Number	流程 Step	图解 Comment	安全 / 质量 Safety/Quality
1	将剂子竖放，用手掌根将剂子压扁。		压出的剂子要圆整，可用左手和右手同时压剂子。

续表

序号 Number	流程 Step	图解 Comment	安全／质量 Safety/Quality
2	将双擀放在压扁的剂子中间，双手平放在双擀的两边，上下转动双擀，将剂子擀成圆皮。		掌握好双擀擀皮的技巧，擀出的皮要圆，中间稍厚、边缘稍薄；也可以用单擀来擀皮，但速度慢、效率低。

🍳 步骤 5   包馅成形

序号 Number	流程 Step	图解 Comment	安全／质量 Safety/Quality
1	左手托皮，右手用馅挑挑入适量馅心。		掌握好馅心的分量，馅心要居中、抹平、压实。
2	将包住馅心的饺子皮对折，左右手配合捏成木鱼形。		饺子皮对折均匀，边窄肚圆，形似木鱼。

🍳 步骤 6   煮制成熟

序号 Number	流程 Step	图解 Comment	安全／质量 Safety/Quality
1	净锅烧水，水沸后下入水饺生坯。		掌握好水量，宜多不宜少。
2	水饺放入后，用手勺轻轻地沿着锅底推动水饺。		防止粘锅。
3	煮水饺时用中火，待煮沸时，点水 2～3 次，继续煮到饺子皱皮发亮即可出锅。		煮时火力不宜太大。

🍳 步骤 7   调制调味料

略。

2）实操演练

小组合作完成水饺制作任务。学生参照操作步骤与质量标准，进行小组技能实操训练，共同完成教师布置的任务，在制作中尽可能符合岗位需求的质量要求。

（1）任务分配

①将学生分为4组，每组发1套馅心和制作用具。学生把猪肉末加入调味料拌成馅心。馅心口味应该咸甜适中，有香味。

②每组发一套皮坯原料和制作工具。学生自己调制面团，经过搓条下剂、压剂擀皮、包馅成形等几个步骤，包捏成木鱼形水饺，大小一致。

③提供炉灶、炒锅、炒勺、漏勺给学生学生自己点燃煤气，调节火候。煮熟水饺，调制调味料，品尝成品，总结制作经验，交流心得。水饺口味及形状符合要求，口感鲜嫩。

（2）操作条件

工作场地需要一间30平方米的实训室，设备需要炉灶4个，瓷盘8只，双擀或单擀等辅助工具8套，原材料等。

（3）操作标准

水饺要求边窄肚圆形似木鱼，大小均匀；皮薄馅大，吃口鲜嫩。

（4）安全须知

水饺要煮熟才能食用，切配、成熟要符合操作规范，注意安全。

3）技能测评

被评价者：＿＿＿＿＿＿＿＿＿＿＿＿＿

训练项目	训练重点	评价标准	小组评价	教师评价
北方水饺制作	调制馅心	拌制时按步骤操作，掌握调味品的加入量。	Yes □ /No □	Yes □ /No □
	调制面团	调制面团时，符合规范操作，面团软硬恰当。	Yes □ /No □	Yes □ /No □
	搓条下剂	手法正确，剂子分量恰当、大小一致。	Yes □ /No □	Yes □ /No □
	压剂擀皮	压剂、擀皮方法正确，皮子大小均匀，中间厚、四周薄。	Yes □ /No □	Yes □ /No □
	包馅成形	馅心分量恰当，包捏手法正确，外形饱满美观。	Yes □ /No □	Yes □ /No □
	煮制成熟	成熟方法正确，皮子不破损，馅心口味符合标准。	Yes □ /No □	Yes □ /No □

评价者：＿＿＿＿＿＿＿＿＿＿＿

日　期：＿＿＿＿＿＿＿＿＿＿＿

[总结归纳]

总结教学重点，提炼操作要领

小组合作完成任务。学生通过水饺的制作，掌握水饺馅心、冷水面团的调制方法及水饺包捏成形的手法，以后可以制作不同馅心、形态的水饺。学生在完成任务的过程中，学会共同合作，自己动手制作，通过作品的呈现实现自我价值，把作品转化为产品，为企业争创经济效益。

教学重点

冷水面团的调制，馅心的调制，饺子皮的擀制，木鱼形水饺的包捏手法。

操作要领

水量要控制，面团揉光洁。
皮子擀圆整，中间厚边薄。
馅心要居中，馅心量要足。
包捏手法要正确，饺子形状如木鱼。

[拓展提升]

思维的拓展，技能的提升

一、思考回答

1. 冷水面团还可以制作哪些面点品种？
2. 水饺的馅心是否还可以用其他原料制作？
3. 水饺的皮坯能掺入其他原料一起调制吗？
4. 水饺还有哪些形态？

二、回家作业

1. 回家制作水饺给家长品尝，复习巩固，并让家长提出指导意见。
2. 自己创意制作一款不同于木鱼形态的水饺，如元宝饺、波纹饺等。

1.2.2 拉面制作

[任务描述]

拉面，又叫抻面，为我国面食绝技的"四大面食"之一。拉面制作工序多、技术性强，以其爽滑劲道的口感深受人们的喜爱。现已演化出多种具有地方特色口味的拉面，如兰州拉面、山西拉面、河南拉面等。

[学习目标]

1. 学会调制拉面面团。
2. 学会制作牛肉拉面所需的汤料和牛肉面臊。
3. 重点掌握拉面的制作工序和成形方法。

4. 进一步掌握面点的基础操作技能。

[任务实施]

[边看边想]

相关知识介绍

你知道吗？ 制作牛肉拉面需要用的设备、工具和原料。

设　备：操作台、炉灶等。

工　具：面刮板、菜刀、砧板、料缸、炒锅、炒勺、面碗等。

原　料：①面团。高筋粉500克，食盐7克，拉面剂30克，水适量。

②面臊和汤料。红烧牛肉（面臊）60克，高汤150克，食盐3克，白糖2克，红油辣椒8克，生抽6克，胡椒粉2克，香菜4克。

[知识链接]

1. 牛肉拉面用什么面团制作？

拉面用冷水面团制作（加盐、加碱）。

2. 冷水面团采用怎样的调制工艺流程？

下粉掺水 ——→ 拌和 ——→ 揉搓 ——→ 饧面

3. 牛肉拉面采用哪种成熟方法？

煮制法。

[成品要求]

1. 色泽汤色红亮，面条黄亮，香菜翠绿。

2. 质感面条爽滑筋道，牛肉炖烂咸香。

[边做边学]

操作步骤

1）操作指南

👨‍🍳 步骤1　准备原料

序号 Number	流程 Step	图解 Comment	安全 / 质量 Safety/Quality
1	提前将牛肉面臊烧好，汤料熬好。将碱水兑好，高筋粉、食盐、香菜等原料准备好。		掌握好碱水的浓度，100 克水约加入 30 克拉面剂。

👨‍🍳 步骤2　调制面团

序号 Number	流程 Step	图解 Comment	安全 / 质量 Safety/Quality
1	在高筋粉中加入适量食盐，翻拌均匀后开窝，少量多次加水和面。		视高筋粉的筋力高低掌握好加入食盐的量，一般 500 克高筋粉加入 7 克食盐。
2	反复揉面。		面团要揉匀、揉透。
3	将揉好的面盖上湿毛巾饧制。		掌握好饧面时间，大约 30 分钟。

步骤 3　兑碱溜条

序号 Number	流程 Step	图解 Comment	安全 / 质量 Safety/Quality
1	将饧好的面揉搓成长条状，将兑好的碱水淋洒在面条上。		掌握好兑碱的量，少量多次加入。
2	用双手交替反复揉捏面团，使碱水能均匀地渗透到面团之中。		掌握好兑碱的手法，不要用力过猛，保持面团的完整。
3	兑碱完成后，双手捏住面条两端，上下甩动面条，可配合摔面的手法。		掌握好甩动和砸案板的力度，动作要协调、自然。
4	将面条的两端向反方向用力缠绕起来，拧成麻花状，重新上下甩动。重复以上动作，直到面条变得柔顺。		缠绕面条时方向应该一正一反，避免面条上劲过大。

步骤 4　抻拉成形

序号 Number	流程 Step	图解 Comment	安全 / 质量 Safety/Quality
1	溜条完成后，双手捏住面条两端，展开双臂将面条拉开。		根据面条的筋力大小发力，不可用力过猛，避免将面条拉断。
2	面条拉开后双手交合，将面条扣起来，顺势用右手持顺面条。重复以上动作，直到面条达到下剂的要求。		动作协调、自然。
3	案板上抹油，将溜好的面条揪成均匀的长段。		揪剂时动作干净利落，保持截面平整、剂子完整。

序号 Number	流程 Step	图解 Comment	安全 / 质量 Safety/Quality
4	在案板上撒上高筋粉，将下好的剂子均匀粘裹上一层面粉，防粘。		高筋粉的量稍多一些，但要撒均匀；粘裹高筋粉的同时将面剂搓圆。
5	双手捏住面条两端，将面条均匀拉开。将面头交到左手上捏紧，右手食指钩住面条中间再次拉开。重复以上动作，当粗细达到要求时将面条从面头上揪下。		将面条拉开一次，我们称为"一扣"，平时我们吃的拉面就在六扣左右。掌握好动作要领，用力要均匀，左右手配合要协调，动作干净利落，不拖泥带水。
6	拉好的面条。		面条粗细均匀，在六扣左右。
7	这是拉到十二扣（视面团的筋力情况）的面条。		十二扣时面条细如发丝，称为"龙须面"。

步骤 5　煮制成熟

序号 Number	流程 Step	图解 Comment	安全 / 质量 Safety/Quality
1	备好面条。		面条粗细均匀，在六扣左右。
2	提前将水烧开，面条拉好后放入锅中，煮熟后捞出，装入提前加汤调味的面碗中，最后放上牛肉面臊，撒上香菜即可。		掌握好煮制的火候，面条下锅浮起，等待两三秒钟即可出锅，煮过就失了口感。

2）实操演练

小组合作完成牛肉拉面制作任务。学生参照操作步骤与质量标准，进行小组技能实操训练，共同完成教师布置的任务，在制作中尽可能符合质量要求。

（1）任务分配

①将学生分为4组，每组发1套熬汤及制臊的原料和工具。

②每组发一套皮坯原料和制作工具。学生自己调制面团，经过调制面团、兑碱溜条、抻拉成形等几个步骤，完成拉面的制作流程。学生能够掌握拉面成形的动作要领，能制作出拉面。通过大量的刻苦练习，能够掌握拉面的制作技艺。

③提供炉灶、炒锅、炒勺、漏勺给学生。学生自己点燃煤气，调节火候，煮熟拉面，装碗品尝，交流制作心得。

（2）操作条件

工作场地需要一间30平方米的实训室，设备需要炉灶4个，面碗8只，辅助工具8套，原材料等。

（3）操作标准

拉面要求汤色红亮，面条黄亮，香菜翠绿；面条爽滑筋道，牛肉炘烂咸香。

（4）安全须知

拉面要煮熟才能食用，煮面条时应防止烫伤。用完炉灶后及时关闭燃气阀门。

3）技能测评

被评价者：_____

训练项目	训练重点	评价标准	小组评价	教师评价
牛肉拉面制作	准备原料	按步骤操作，掌握调味品的加入量。	Yes □ /No □	Yes □ /No □
	调制面团	符合规范操作，面团软硬适当，饧面时间恰当。	Yes □ /No □	Yes □ /No □
	兑碱溜条	兑入碱水的量合适，溜条掌握动作要领。	Yes □ /No □	Yes □ /No □
	抻拉成形	掌握动作要领，动作协调自然。	Yes □ /No □	Yes □ /No □
	煮制成熟	符合操作规范，掌握面条煮制的火候，正确装碗。	Yes □ /No □	Yes □ /No □

评价者：_____

日　期：_____

[总结归纳]

总结教学重点，提炼操作要领

小组合作完成任务，让学生通过牛肉拉面的制作，掌握拉面面团的调制方法，以及拉面兑碱溜条、抻拉成形的制作流程，以后可以自己制作不同形状和不同面臊的拉面。在完成任务的过程中，学生学会共同合作，自己动手制作，通过作品的呈现实现自我价值，把作品转化为产品，为企业争创经济效益。

教学重点

拉面面团的调制，拉面兑碱溜条、抻拉成形的制作流程。

操作要领

1. 面团软硬适当。
2. 掌握好兑碱的量。
3. 溜条、抻拉成形时操作符合规范，动作协调、自然。

[拓展提升]

思维的拓展，技能的提升

一、思考回答

1. 在和面时为什么要加入食盐？
2. 拉面在抻拉成形时除了常见的形状外，还可以做成其他形状吗？
3. 拉面的面臊除牛肉外，还可以用什么原料来制作？

二、回家作业

1. 回家制作牛肉拉面给家长品尝，巩固练习，同时让家长提出指导意见。
2. 自己创意制作一款不同形状和不同面臊的拉面。

1.2.3　春饼制作

[任务描述]

春饼，又叫荷叶饼、薄饼，可包卷配菜一起食用，是我国民间立春时节的传统饮食之一，在东北、华北等地区就有立春吃春饼的习俗。它材料简单、制作方便，口感柔韧耐嚼，吃法多样。

[学习目标]

1. 学会炒制春饼的配菜。
2. 学会和面、揉面、搓条下剂、擀制春饼皮等。
3. 掌握春饼的成形方法，会包春饼。
4. 进一步掌握面点的基本操作技能。

[任务实施]

边看边想 → 边做边学 → 总结归纳 → 拓展提升

[边看边想]

相关知识介绍

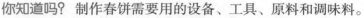

你知道吗？ 制作春饼需要用的设备、工具、原料和调味料。

设 备：操作台、炉灶、电磁炉、平底锅等。

工 具：擀面棍、面刮板、料缸、炒锅、炒勺、漏勺、筷子等。

原 料：①面团。面粉300克，热水等适量。

②馅心。土豆丝300克，青椒丝15克，葱花8克，食盐6克，白糖2克，鸡精3克。

调味料：食盐、白糖、鸡精、白醋等。

 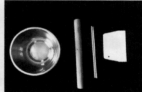

[知识链接]

1.春饼皮用什么面团制作？

春饼皮用热水面团制作。

2.热水面团采用怎样的调制工艺流程？

下粉掺水 ——→ 拌和 ——→ 揉面 ——→ 摊开散热 ——→ 揉面

3.春饼采用哪种成熟方法？

烙制法。

[成品要求]

1.形态呈长条形，收口美观。

2.质感饼皮柔韧耐嚼，馅心脆爽咸香。

[边做边学]

操作步骤

炒制馅心 → 调制面团 → 搓条下剂 → 压剂擀皮 → 烙皮撕皮 → 包馅成形

1）操作指南

步骤1　调制面团

序号 Number	流程 Step	图解 Comment	安全 / 质量 Safety/Quality
1	面粉置于操作台上，开窝，分次加入适量热水。		用 80 ℃左右的热水和面，少量多次加入，才能使面团软硬适中。
2	把面粉抄拌成雪花状后将面揉成团，将面团摊开晾凉后再揉。		加热水揉成团后要将面团摊开晾凉。
3	将面团揉好后盖上湿毛巾饧面。		掌握好饧面时间，约 10 分钟。

步骤2　炒制馅心

序号 Number	流程 Step	图解 Comment	安全 / 质量 Safety/Quality
1	土豆去皮切丝，青椒切丝，准备好葱花等调味料。		土豆丝、青椒丝要切得均匀。
2	炙锅留油，下入青椒丝煸炒片刻，再下入土豆丝翻炒，调味、撒葱花等调味料出锅。		炒制时掌握好火候，保持土豆丝脆爽的口感，调味不宜过重。

步骤3　搓条下剂

序号 Number	流程 Step	图解 Comment	安全 / 质量 Safety/Quality
1	将面团搓成均匀的长条。		搓条时用力均匀,掌握好条的粗细。
2	下剂。将下好的剂子整齐地摆入抹过油的不锈钢方盘内。		掌握好剂子的大小,剂子要均匀。
3	剂子下好后,盖上湿毛巾稍饧片刻。		在饧面的过程中,可以准备擀皮、烙皮的工具。

步骤4　压剂擀皮

序号 Number	流程 Step	图解 Comment	安全 / 质量 Safety/Quality
1	将饧好的剂子抹上油,两个一组叠在一起并压扁。		抹上油,压剂的时候尽量压正、压圆。
2	操作台、擀面棍上抹油,将压好的剂子擀成较薄的圆皮。		皮要擀得圆而薄,且皮的大小要一致。

步骤5　烙皮撕皮

序号 Number	流程 Step	图解 Comment	安全 / 质量 Safety/Quality
1	平底锅加热,将擀好的皮放入锅中烙至成熟。		掌握好火候,注意翻面,避免焦煳。
2	将烙好的皮从中间撕开,即为两张春饼皮。		撕皮时要小心,避免撕破。

步骤6 包馅成形

序号 Number	流程 Step	图解 Comment	安全/质量 Safety/Quality
1	取一张春饼皮，夹入适量炒好的青椒土豆丝。		掌握好夹入配菜的量。
2	包卷起来即可。		包卷时尽量卷紧，两端要收好，不要露馅，成形美观。

2）实操演练

小组合作完成春饼制作任务。学生参照操作步骤与质量标准，进行小组技能实操训练，共同完成教师布置的任务，在制作中尽可能符合质量要求。

（1）任务分配

①把学生分为4组，每组提供馅心制作的原料，并提供炉灶、炒锅、炒勺、漏勺给学生。学生自己点燃煤气、调节火候，炒制青椒土豆丝，口味咸鲜适中。

②每组发一套皮坯原料和制作工具。学生自己调制面团，经过搓条下剂、压剂擀皮、烙皮撕皮、包馅成形等几个步骤，包卷成春饼，要求成形美观，大小均匀。

（2）操作条件

工作场地需要一间30平方米的实训室，设备需要炉灶4个，瓷盘8只，擀面棍、辅助工具8套，原材料等。

（3）操作标准

成长条形，收口美观；饼皮柔韧耐嚼，馅心爽脆咸香。

（4）安全须知

切配、炒制馅心和烙制饼皮时符合操作规范，注意安全，防止切伤、烫伤。用完炉灶后及时关闭燃气阀门。

3）技能测评

被评价者：_____

训练项目	训练重点	评价标准	小组评价	教师评价
春饼制作	炒制馅心	炒制时按步骤操作，掌握好调味品的加入量。	Yes □ /No □	Yes □ /No □
	调制面团	调制面团时，符合规范操作，面团软硬恰当。	Yes □ /No □	Yes □ /No □
	搓条下剂	手法正确，搓条均匀，剂子分量恰当，大小一致。	Yes □ /No □	Yes □ /No □

训练项目	训练重点	评价标准	小组评价	教师评价
春饼制作	压剂擀皮	压剂擀皮方法正确，皮大小厚薄均匀。	Yes □ /No □	Yes □ /No □
	包馅成形	馅心分量适当，包卷手法正确，外形饱满美观。	Yes □ /No □	Yes □ /No □

评价者：＿＿＿＿＿＿＿

日　期：＿＿＿＿＿＿＿

[总结归纳]

总结教学重点，提炼操作要领

小组共同合作完成任务。学生通过春饼的制作，掌握熟馅青椒土豆丝的炒制方法，热水面团的调制方法及春饼的成形手法，以后可以举一反三，制作不同馅心的春饼。在完成任务的过程中，学生学会共同合作，自己动手制作，通过作品的呈现实现自我价值，把作品转化为产品，为企业争创经济效益。

教学重点

馅心的炒制，热水面团的调制，春饼皮的擀制，春饼的包卷手法。

操作要领

1. 馅心调味准确，咸鲜爽脆。
2. 和面水温准确，水量恰当。
3. 擀皮手法正确，厚薄均匀。
4. 成形馅心适量，形态美观。

[拓展提升]

思维的拓展，技能的提升

一、思考回答

1. 春饼的饼皮是否还可以用其他面团来制作？
2. 热水面团还可以制作哪些面点品种？
3. 春饼的馅心是否还可以用其他原料制作？

二、回家作业

1. 回家制作10个春饼给家长品尝，复习巩固，让家长提出指导意见。
2. 自己创新制作一款不同于青椒土豆丝馅的春饼。

🧁 1.2.4 桃酥制作

[任务描述]

桃酥属于混酥类的面点品种，口感香甜酥脆，是烘烤店、超市常见的点心。

[学习目标]

1. 掌握混酥类面团的调制。
2. 学会桃酥的制作方法。

[任务实施]

边看边想 ——— 边做边学 ——— 总结归纳 ——— 拓展提升

[边看边想]

相关知识介绍

你知道吗？ 制作桃酥需要用的设备、用具、原料和调味料。

设　备：白案操作台、烤箱、烤盘等。

用　具：电子秤、面刮板、料缸、蛋刷等。

原　料：面粉500克，花生油225克，小苏打3克，臭粉5克，鸡蛋2个，核桃仁40片。

调味料：白糖等。

[知识链接]

1. 桃酥用什么面团制作？

桃酥用混酥面团制作。

2. 混酥面团采用怎样的调制工艺流程？

油、糖、蛋拌和 ——→ 乳化
　　　　　　　　　　↓
面粉 ——→ 叠制 ——→ 成团

3. 桃酥采用哪种成熟方法？

烘烤法。

[成品要求]

1.色泽乳黄，自然开裂，大小均匀。
2.口感香甜酥脆。

[边做边学]

操作步骤

1）操作指南

👨‍🍳 **步骤1 油、糖、蛋乳化**

序号 Number	流程 Step	图解 Comment	安全 / 质量 Safety/Quality
1	将花生油、白糖、鸡蛋、小苏打、臭粉倒入料缸中。		小苏打、臭粉要准确称量。
2	用蛋刷将料缸中的原料乳化均匀。		可以顺着一个方向搅拌，油、糖、蛋要乳化均匀。

👨‍🍳 **步骤2 调制面团**

序号 Number	流程 Step	图解 Comment	安全 / 质量 Safety/Quality
1	将面粉围成窝状，将乳化好的油、糖、蛋液倒入面粉中间，抄拌面粉。		面窝要大一些，油、糖、蛋乳化液不可流出面粉窝外。
2	采用叠制的方法将原料和匀。		和面速度要快，防止起筋。

👨‍🍳 步骤3 下剂成形

序号 Number	流程 Step	图解 Comment	安全 / 质量 Safety/Quality
1	案板上撒少许干面粉，两手把面团从中间往两边搓成长条形。		两手用力要均匀，不要用猛力，防止断条。
2	左手握住剂条，右手拿面刮板，下成大小均匀的剂子。		左右手要协调配合好。
3	双手将剂子搓成球形。		搓剂子时用力要轻，稍稍搓圆即可，不要将剂子搓紧。
4	将核桃仁按放在圆剂上。		桃仁居中，按稳即可，不要按太深，否则影响成形。
5	将做好的半成品生坯放入烤盘。		半成品之间拉开距离，防止成熟后相互粘连。

👨‍🍳 步骤4 成熟装盘

序号 Number	流程 Step	图解 Comment	安全 / 质量 Safety/Quality
1	调节烤箱温度，炉温200 ℃时将半成品生坯推入烤箱烘烤成熟。		烤箱门有弹性，开关要小心。制品成熟时烤箱温度高，拿时要防止烫手。
2	将烤好的桃酥放入合适的盘子中。		盘子的大小、形状、色泽要协调。

2）实操演练

小组合作完成桃酥的制作任务。学生参照操作步骤与质量标准，进行小组技能实操训练，共同完成教师布置的任务，在制作中尽可能符合岗位要求。

（1）任务分配

①把学生分为4组，每组发500克面粉及相应的辅料、调料。

②每组发一套制作工具。学生自己调制面团，经过油、糖、蛋乳化、调制面团，下剂成形等几个步骤，做成大小一致的生坯。

③提供烤箱，学生自己调节炉温，烘烤生坯，制作成品，师生品尝，成品评价。成品要符合相应的质量要求。

（2）操作条件

工作场地需要一间30平方米的实训室，设备需要烤箱1个，烤盘8只，辅助工具4套，工作服多件，原材料等。

（3）操作标准

色泽乳黄，自然开裂，大小均匀，口感香甜酥脆。

（4）安全须知

烤箱门有弹性，要轻开轻关，防止夹手。成品出箱时烤盘温度高，取拿时要戴上手套，避免烫伤。

3）技能测评

被评价者： _____

训练项目	训练重点	评价标准	小组评价	教师评价
桃酥的制作	油、糖、蛋乳化	顺着一个方向搅打，乳化均匀。	Yes □ /No □	Yes □ /No □
	调制面团	调制面团时，符合规范操作，面团软硬恰当，不能产生筋性。	Yes □ /No □	Yes □ /No □
	搓条成形	手法正确，按照要求把握剂子的分量，每个剂子大小相同。搓成球形，桃仁居中，外形美观。	Yes □ /No □	Yes □ /No □
	作品成熟	成熟方法正确，色泽、质地、口感符合质量要求。	Yes □ /No □	Yes □ /No □

评价者： _____

日　期： _____

[总结归纳]

总结教学重点，提炼操作要领

小组合作共同完成任务。学生通过桃酥的制作，掌握混酥类面团的调制方法和成形、成熟方法，为以后制作混酥类面点打下基础。在完成任务的过程中，学生学会共同配合，亲手制作。在实践训练的过程中，实现自我价值，把作品转化为产品，为企业争创经济效益。

教学重点

面团调制的方法。

操作要领

1. 油、糖、蛋要充分乳化后才能拌和面粉。面团调制过程中要使用叠制手法，速度要快，防止起筋。

2. 成形时要轻搓，防止面团过实，生坯成形后及时烘烤。

3. 烘烤的温度、时间要控制好。

[拓展提升]

思维的拓展，技能的提升

一、思考回答

1. 混酥面团还可以制作哪些面点品种？

2. 核桃仁能否用其他原料代替？

二、回家作业

1. 写出实训总结。

2. 有条件的学生在家里重做一遍。

1.2.5 脆麻花制作

[任务描述]

脆麻花是北京小吃的常见品种，不仅北京有，南方也有，形状、质地基本相同。北京除脆麻花外，还有芝麻麻花、馓子麻花、蜜麻花等。因此，有人说："麻花烧饼说都门，名色繁多恣饱吞，适口价廉随处有，一年四季日晨昏。"脆麻花最大的特点是焦、酥、脆，带有甜味，存放几天仍能保持脆性。

[学习目标]

1. 学会和面、揉面、搓条等。

2. 掌握麻花的成形手法。

3. 掌握炸制技巧。

[任务实施]

边看边想　边做边学　总结归纳　拓展提升

[边看边想]

相关知识介绍

你知道吗？ 制作麻花需要用的设备、用具和原料。

设　备：操作台、炉灶、炒锅、手勺、漏勺、瓷盘等。

用　具：电子秤、面刮板等。

原　料：中筋粉500克，鸡蛋3个，泡打粉7克，白糖200克，油 50克，水适量。

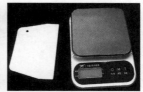

[知识链接]

1. 麻花用什么面团制作？

麻花用膨松面团制作。

2. 膨松面团采用怎样的调制工艺流程？

面粉+膨松剂+水 ⟶ 拌和 ⟶ 揉搓 ⟶ 饧面

3. 麻花采用哪种成熟方法？

油炸法。

[成品要求]

1. 色泽金黄，形态美观，大小均匀。

2. 口感酥松油润，香甜适口。

[边做边学]

操作步骤

调制面团 ⟶ 搓条 ⟶ 卷制成形 ⟶ 炸制成熟

1）操作指南

🍳 步骤1 调制面团

序号 Number	流程 Step	图解 Comment	安全 / 质量 Safety/Quality
1	中筋粉、泡打粉混合均匀围成窝状，加入白糖、油，将鸡蛋倒入白糖和油中间，用右手调拌均匀后拌和，加水和面。		水要分次加入中筋粉，不能一次加足水。
2	先把中筋粉调成"雪花状"，再洒少许水调制，揉成软硬适度的面团。		左手用面刮板拌，右手配合揉面。
3	左手压着面团的另一头，右手用力揉面团，把面团揉得略光洁。		左手和右手要协调配合揉面团。
4	用湿毛巾盖好面团，饧约10分钟。		掌握好饧面的时间。

🍳 步骤2 搓条

序号 Number	流程 Step	图解 Comment	安全 / 质量 Safety/Quality
1	将面团下剂后略搓备用。		下剂时要求大小一致。
2	两手把面条从中间往两头搓拉。		两手用力要均匀，搓条时可撒适量干中筋粉。

步骤 3　成形

序号 Number	流程 Step	图解 Comment	安全 / 质量 Safety/Quality
1	两手从上下两个方向搓条，顺势卷起。		用力均匀，不要把条搓断。
2	再搓再卷，卷成麻绳状即可。		左手和右手用力均匀，收口要压紧实。

步骤 4　炸制成熟

序号 Number	流程 Step	图解 Comment	安全 / 质量 Safety/Quality
1	锅中烧油，三成热时放入麻花。		点火时，注意不要烧伤，刚开始油温不可太高。
2	慢慢炸制，上色即可。		油温不可太高，便于炸干水分。
3	待麻花颜色金黄时，出锅装盘。		炸制时用筷子翻动麻花，受热要均匀。

2）实操演练

小组合作完成麻花制作任务。学生参照操作步骤与质量标准，进行小组技能实操训练，共同完成教师布置的任务，在制作中尽可能符合质量要求。

（1）任务分配

①每组发一套皮坯原料和制作工具。学生自己调制面团，经过搓条、成形等几个步骤，制作麻花，大小一致。

②提供炉灶、炒锅、手勺、漏勺给学生。学生自己点燃煤气，调节火候，炸制麻花，品尝成品。麻花口感和形状符合要求，口感酥脆。

（2）操作条件

工作场地需要一间30平方米的实训室，设备需要炉灶4个，瓷盘8只，辅助工具8套，工作服15件，原材料等。

（3）操作标准

色泽金黄，形态美观，大小均匀；口感酥松油润，香甜适口。

（4）安全须知

麻花要炸熟才能食用，成熟时应控制火候，小心被锅中的油烫伤。

3）技能测评

被评价者：_____

训练项目	训练重点	评价标准	小组评价	教师评价
麻花制作	调制面团	调制面团时，符合规范操作，面团软硬适当。	Yes □ /No □	Yes □ /No □
	搓条	手法正确，按照要求搓制，每条粗细均匀。	Yes □ /No □	Yes □ /No □
	成形	成形手法正确，外形美观。	Yes □ /No □	Yes □ /No □
	炸制成熟	成熟方法正确，酥松可口。	Yes □ /No □	Yes □ /No □

评价者：_____

日　期：_____

[总结归纳]

总结教学重点，提炼操作要领

小组合作完成任务。学生通过麻花的制作，掌握膨松面团的调制方法及麻花成形手法。学生在完成任务的过程中，学会共同合作，自己动手制作，通过作品的呈现实现自我价值，把作品转化为产品，为企业争创经济效益。

教学重点

膨松面团的调制，麻花成形手法。

操作要领

1. 控制用水量，面团要揉光。
2. 成形手法正确，成品形状如麻绳。

[拓展提升]

思维的拓展，技能的提升

一、思考回答

1. 膨松面团还可以制作哪些面点品种？
2. 麻花面团坯能掺入其他原料一起调成面团来制作吗？

二、回家作业

1. 回家制作5根麻花给家长品尝。
2. 自己创意制作一款杂粮麻花。

1.2.6　萨其马制作

[任务描述]

萨其马是一款传统糕点，盛行于清代，至今全国均有制作。萨其马意为糖缠或饽饽糖缠，其形态美观、味道香甜、营养丰富。

[学习目标]

1. 学会和面、揉面、压皮、切丝等。
2. 会熬制糖液。
3. 掌握萨其马的基本操作技能。

[任务实施]

[边看边想]

相关知识介绍

你知道吗？制作萨其马需要用的设备、用具和原料。

设　备：操作台、炉灶、炒锅、手勺、漏勺等。

用　具：电子秤、走锤、擀面杖、面刮板、打蛋器、菜刀、木方框等。

原　料：低筋粉500克，臭粉1克，泡打粉10克，鸡蛋6个，白糖500克，水300克，麦芽糖30克，柠檬酸5克，葡萄干100克，熟芝麻100克，熟核桃仁碎100克，水适量。

[知识链接]

1. 萨其马用什么面团制作？

萨其马用膨松面团制作。

2. 膨松面团采用怎样的调制工艺流程？

下面粉和膨松剂掺水 ——→ 拌和 ——→ 揉搓 ——→ 饧面

3. 萨其马采用哪种成熟方法？

炸制法。

[成品要求]

1. 色泽浅金黄，形态方方正正，大小均匀。
2. 口感绵软香甜，香酥适口。

[边做边学]

操作步骤

1）操作指南

👨‍🍳 **步骤1　调制面团**

序号 Number	流程 Step	图解 Comment	安全／质量 Safety/Quality
1	低筋粉、臭粉、泡打粉混合均匀围成窝状，将搅打起泡的蛋液倒入面粉中，用右手抄拌面粉。		蛋液要分次加入面粉中，不能一次加足。
2	先把面粉调成"雪花状"，再加入少许水调制成团，左手压着面团的一头，右手用力揉面团，把面团揉得略光即可。		左手用面刮板抄拌，右手配合揉面。
3	用湿毛巾盖好面团，饧约10分钟。		掌握好饧面时间。

步骤2 压皮切丝

序号 Number	流程 Step	图解 Comment	安全 / 质量 Safety/Quality
1	用走锤把面团擀开,压成薄片。		用力要均匀,一边压一边撒干低筋粉。
2	用擀面杖把面皮卷起。		卷时多撒干低筋粉,力度不要太大,防止卷紧。
3	用菜刀把面皮从中间划开,切成均匀的面条,撒上一层干低筋粉。		面条粗细均匀,刀要锋利,采用直切法。

步骤3 炸制成熟

序号 Number	流程 Step	图解 Comment	安全 / 质量 Safety/Quality
1	用漏勺把面条丝中多余的干低筋粉去除,放入五成油温中炸制。		干低筋粉一定要去除,防止混油。
2	待面条炸上色后,捞出放凉。		炸时温度不可太高,防止外焦内生。

步骤4 熬制糖液

序号 Number	流程 Step	图解 Comment	安全 / 质量 Safety/Quality
1	将水、白糖、麦芽糖、柠檬酸放入锅中小火熬制。		中途不要搅动糖液,防止煳锅返沙。
2	待糖液黏稠时,将炒锅端离火口。		控制好熬制糖液的温度。

👨‍🍳 **步骤5   作品成形**

序号 Number	流程 Step	图解 Comment	安全 / 质量 Safety/Quality
1	在木方框底部均匀地撒上一层熟芝麻、熟核桃仁碎和葡萄干。		厚度适可而止，防止萨其马粘案板即可。
2	将炸好的面条倒入糖液中，加入少许熟芝麻、熟核桃仁碎、葡萄干拌匀。		要趁热翻拌，防止粘不上原料。
3	倒入木框内，用擀面杖压紧实。		用力均匀，可以在擀面杖上刷少许色拉油，防止粘连。
4	冷却后用刀切成均匀的方块。		糖液用量适中，多则粘牙，少则粘不住面条。

2）实操演练

小组合作完成萨其马制作任务。学生参照操作步骤与质量标准，进行小组技能实操训练，共同完成教师布置的任务，在制作中尽可能符合质量要求。

（1）任务分配

①将学生分为4组，每组发一套制作工具。

②每组发一套皮坯原料和制作工具。学生自己调制面团，经过压皮切丝、炸制成熟等几个步骤，炸出面条丝。

③提供炉灶、炒锅、手勺、漏勺给学生。学生自己点燃煤气，调节火候，制作萨其马，品尝成品。萨其马口味及形状符合要求，口感绵软香甜，香酥适口。

（2）操作条件

工作场地需要一间30平方米的实训室，设备需要炉灶4个，瓷盘8只，擀面杖、走锤、打蛋器辅助工具各8套，工作服15件，原材料等。

（3）操作标准

色泽浅金黄，形态方方正正，大小均匀，口感绵软香甜，香酥适口。

（4）安全须知

萨其马要放置一两天口感才好，成熟时要控制好火候，小心被锅中的油和糖液烫伤手。

3）技能测评

被评价者：_____

训练项目	训练重点	评价标准	小组评价	教师评价
萨其马制作	调制面团	调制面团时，符合规范操作，面团软硬恰当。	Yes □ /No □	Yes □ /No □
	压皮切丝	手法正确，按照要求把握面条的粗细，尽量粗细一致。	Yes □ /No □	Yes □ /No □
	炸制成熟	成熟方法正确，控制好油温，口感要酥松。	Yes □ /No □	Yes □ /No □
	熬制糖液	熬制时按步骤操作，控制好温度。	Yes □ /No □	Yes □ /No □
	作品成形	成形方法正确，手法正确。	Yes □ /No □	Yes □ /No □

评价者：_____

日　期：_____

[总结归纳]

总结教学重点，提炼操作要领

　　小组共同合作完成任务。学生通过萨其马的制作，掌握膨松面团的调制方法和炸制方法。学生在完成任务的过程中，学会共同合作，自己动手制作，通过作品的呈现实现自我价值，把作品转化为产品，为企业争创经济效益。

教学重点

膨松面团的调制、糖液熬制及成形手法。

操作要领

1. 要水量控制，面团揉光洁。
2. 切丝要均匀，色泽不要太深。
3. 熬糖温度不要太高。
4. 趁热裹上糖液。

[拓展提升]

思维的拓展，技能的提升

一、思考回答

1. 膨松面团还可以制作哪些面点品种？
2. 萨其马的垫底料是否还可以用其他原料制作？

3.萨其马的皮坯能掺入其他原料一起调成面团制作吗？

二、回家作业

1.回家制作一小盘萨其马给家长品尝。

2.自己创意制作一款不同垫底料的萨其马。

1.2.7　狗不理包子制作

[任务描述]

狗不理包子是全国闻名的传统风味小吃，是"天津三绝"之首，也是中华老字号之一，至今已有150多年的发展历史。狗不理包子选料精细、制作讲究，成品褶子均匀、形似菊花，皮薄馅大，口味醇香，深受广大食客的青睐。

[学习目标]

1.学会调制狗不理包子的馅心。

2.学会调制生物膨松面团（发面）。

3.掌握包子的成形手法，掌握包子的制作流程。

4.进一步掌握面点的基本操作技能。

[任务实施]

边看边想　　　边做边学　　　总结归纳　　　拓展提升

[边看边想]

相关知识介绍

你知道吗？制作狗不理包子需要用的设备、工具、原料和调味料。

设　备：操作台、炉灶、蒸锅、蒸笼等。

工　具：擀面杖、面刮板、馅挑、菜刀、砧板、料缸、盘子等。

原　料：①面团。面粉500克，酵母5克，泡打粉4克，猪油8克，食用碱3克，水、白糖等适量。

②馅心。猪肉末（肥三瘦七）600克，葱花120克，高汤250克，姜末10克，水等适量。

调味料：食盐、白糖、鸡精、料酒、酱油、香油、胡椒粉等。

[知识链接]

1. 狗不理包子用什么面团制作？

狗不理包子用生物膨松面团，也就是发面制作。

2. 生物膨松面团采用怎样的调制工艺流程？

粉料开窝 ——→ 加水 ——→ 和面 ——→ 揉面 ——→ 发酵

3. 狗不理包子采用哪种成熟方法？

蒸制法。

[成品要求]

1. 色泽洁白，形态饱满，褶子均匀，面皮松软。
2. 馅心咸鲜多汁。

[边做边学]

操作步骤

调制面团 → 调制馅心 → 搓条下剂 → 压剂擀皮 → 包馅成形 → 蒸制成熟

1）操作指南

步骤1　调制面团

序号 Number	流程 Step	图解 Comment	安全 / 质量 Safety/Quality
1	在面粉中加入酵母、泡打粉，混合均匀后开窝。加入白糖，少量多次加水和面。		面粉抄拌成雪花状后加入猪油。加水时少量多次，掌握好加水量。
2	将面揉成团，继续揉匀。		注意操作的整洁卫生，达到"三光"要求。
3	面团揉匀后盖上湿毛巾静置发酵。		掌握好发酵时间和发酵程度，狗不理包子属于半发面。

步骤 2 调制馅心

序号 Number	流程 Step	图解 Comment	安全 / 质量 Safety/Quality
1	猪肉末中加入适量食盐、酱油、料酒，拌匀后静置约10分钟，分次打入高汤，加入葱花、姜末后拌匀。		酱油选择酱香味重的，葱花提前用香油浸泡后再加入肉馅。打入高汤时分次加入，顺着一个方向搅拌，掌握好加入高汤的量。
2	加入白糖、鸡精、胡椒粉调味，拌匀。		拌匀即可，不要过多搅拌。

步骤 3 搓条下剂

序号 Number	流程 Step	图解 Comment	安全 / 质量 Safety/Quality
1	将适量食用碱用少许水调开，加入发酵好的面团中揉匀，搓条。		掌握好兑碱的量。搓条时用力均匀，粗细适度。
2	下剂。		掌握好剂子的大小，剂子要均匀。

步骤 4 压剂擀皮

序号 Number	流程 Step	图解 Comment	安全 / 质量 Safety/Quality
1	将揪好的剂子压扁。		
2	将压扁的剂子擀成中厚边薄的皮。		擀好的皮要圆整，大小均匀。

👨‍🍳 **步骤5 包馅成形**

序号 Number	流程 Step	图解 Comment	安全／质量 Safety/Quality
1	左手托皮，加入适量馅心。		掌握好打入馅心的量，馅心要居中。
2	左手配合，用右手的食指和拇指推捏成形。		注意褶子和收口。
3	成品。		褶子一般为18～22个，要求褶子均匀美观。

👨‍🍳 **步骤6 蒸制成熟**

序号 Number	流程 Step	图解 Comment	安全／质量 Safety/Quality
1	将饧发好的包子放入蒸笼中，沸水旺火，蒸12分钟左右成熟，装盘即可。		蒸制时要沸水旺火，掌握好蒸制时间。

2）实操演练

小组合作完成狗不理包子的制作任务。学生参照操作步骤与质量标准，进行小组技能实操训练，共同完成教师布置的任务，在制作中尽可能符合质量要求。

（1）任务分配

①将学生分为4组，每组提供馅心制作原料，并提供菜刀、砧板、料缸等工具给学生。学生自己调制馅心，加入适量高汤，调味咸鲜适中。

②每组发一套皮坯原料和制作工具。学生自己调制面团，经过搓条下剂、压剂擀皮、包馅成形等几个步骤，制作出包子生坯，要求大小一致、褶子均匀、形态饱满。

（2）操作条件

工作场地需要一间30平方米的实训室，设备需要炉灶4个，瓷盘8只，擀面杖等辅助工具8套，原材料等。

（3）操作标准

色泽洁白，形态饱满，褶子均匀，面皮松软，馅心咸鲜多汁。

（4）安全须知

操作时注意安全，防止切伤、烫伤。用完炉灶后及时关闭燃气阀门。

3）技能测评

被评价者：_____

训练项目	训练重点	评价标准	小组评价	教师评价
狗不理包子制作	调制馅心	炒制时按步骤操作，掌握好调味品的加入量。	Yes □ /No □	Yes □ /No □
	调制面团	调制面团时，符合规范操作，面团软硬恰当。	Yes □ /No □	Yes □ /No □
	搓条下剂	手法正确，搓条均匀，剂子分量恰当，大小一致。	Yes □ /No □	Yes □ /No □
	压剂擀皮	压剂、擀皮方法正确，皮大小厚薄均匀。	Yes □ /No □	Yes □ /No □
	包馅成形	馅心分量适当，包捏手法正确，外形饱满美观。	Yes □ /No □	Yes □ /No □

评价者：_____

日　期：_____

[总结归纳]

总结教学重点，提炼操作要领

小组共同合作完成任务。学生通过狗不理包子的制作，掌握狗不理包子馅心的调制方法、生物膨松面团的调制方法及包子的成形手法，以后可以举一反三，制作不同馅心的包子。学生在完成任务的过程中，学会共同合作，自己动手制作，通过作品的呈现实现自我价值，把作品转化为产品，为企业争创经济效益。

教学重点

馅心的调制，生物膨松面团的调制，包子的包捏手法。

操作要领

1.馅心调味准确，咸鲜适口。

2.和面水量适当，软硬适中。

3.擀皮手法正确，厚薄均匀。

4.成形馅心适量，形态美观。

一、思考回答

1.除了用固态鲜酵母来发酵面团，还能采用什么发酵方式？

2.包子的馅心是否可以用其他原料来制作？

3.包子在成形上还能有哪些变化？

二、回家作业

1.回家制作包子给家长品尝，复习巩固，让家长提出指导意见。

2.整理狗不理包子的制作笔记，写实习报告。

1.2.8　肉末烧饼制作

[任务描述]

肉末烧饼是北京地区汉族传统小吃之一，传统宫廷风味，已有上百年的历史。据说慈禧太后很喜欢吃肉末烧饼，还引发了一段有趣的传说，因此也叫"圆梦烧饼"，取其圆满吉祥之意。

肉末烧饼色泽金黄、外脆里软，肉末油润咸甜、口味醇香，别有一番风味。

[学习目标]

1.学会炒制肉末烧饼的馅心。

2.学会调制生物膨松面团（发面），会搓条下剂等。

3.掌握肉末烧饼的成形方法。

4.会使用烤箱，掌握烤制肉末烧饼的火候。

[任务实施]

边看边想　　边做边学　　总结归纳　　拓展提升

相关知识介绍

你知道吗？ 制作肉末烧饼需要用的设备、工具、原料和调味料。

设　备：操作台、炉灶、烤箱等。

工　具：面刮板、炒锅、炒勺、烤盘、料缸、菜刀、盘子等。

原　料：①面团。面粉300克，酵母3克，泡打粉2克，白糖15克，水等适量。

②馅心。肉末300克，甜面酱50克，冬笋150克，葱花20克。

调味料：食盐、白糖、鸡精、料酒、老抽、香油、胡椒粉等。

[知识链接]

1. 肉末烧饼用什么面团制作？

肉末烧饼用生物膨松面团（发面）制作。

2. 生物膨松面团采用怎样的调制工艺流程？

下粉掺水 ——→ 拌和 ——→ 揉面 ——→ 静置发酵

3. 肉末烧饼采用哪种成熟方法？

烤制法。

[成品要求]

1. 色泽金黄，形态饱满。

2. 质感面皮外脆里软，馅心油润咸甜。

[边做边学]

操作步骤

1）操作指南

🧑‍🍳 步骤1 调制面团

序号 Number	流程 Step	图解 Comment	安全/质量 Safety/Quality
1	准备调制面团的原料。		检查酵母的新鲜度。
2	面粉加入酵母、泡打粉，混合均匀后开窝。加入白糖，少量多次加水和面。		加水时少量多次，掌握好加水量，面团软硬适中。
3	将面团揉匀揉透，盖上湿毛巾，静置发酵。		发酵时间大约在30分钟，不同的室温发酵时间不同。

🧑‍🍳 步骤2 炒制馅心

序号 Number	流程 Step	图解 Comment	安全/质量 Safety/Quality
1	在面团发酵时准备炒制馅心的原料、调料。		注意肉末、冬笋、甜面酱的比例。
2	炙锅留油，将姜末爆香后下入肉末。烹入料酒，将肉末炒散炒熟后出锅。		掌握好火候。
3	小火将甜面酱炒熟炒香，下入肉末翻炒。		炒甜面酱时要用小火，避免糊锅。
4	下入炸过的冬笋丁炒匀，加入白糖、胡椒粉等调味，然后下入葱花，淋香油，炒匀后出锅即可。		根据加入甜面酱的量来确定加入食盐的量，不要咸了。

步骤 3　搓条下剂

序号 Number	流程 Step	图解 Comment	安全／质量 Safety/Quality
1	将发酵好的面团搓成均匀的长条。		搓条时用力均匀，掌握好条的粗细。
2	下剂。		掌握好剂子的大小，剂子要均匀。
3	将揪好的剂子搓圆，另取少量面团揪成小块，备用。		剂子搓圆后盖上湿毛巾或保鲜膜。

步骤 4　压剂成形

序号 Number	流程 Step	图解 Comment	安全／质量 Safety/Quality
1	将搓圆的面剂按扁，取揪好的小面块蘸上香油。		香油不要蘸得过多。
2	将蘸过香油的小面块包入按扁的面剂中。		包时小面块包在中间，收紧收口。
3	将包好小面块的剂子压成饼状，取羊毛刷刷上一层糖水。		糖水不要刷得过多，刷匀即可。
4	将刷过糖水的面饼撒上一层白芝麻。		芝麻要撒得均匀。
5	将面饼整齐地排入烤盘。		注意生坯的间距。

👨‍🍳 **步骤5　成熟装盘**

序号 Number	流程 Step	图解 Comment	安全／质量 Safety/Quality
1	将生坯放入提前预热的烤箱，温度设为上火200 ℃、下火180 ℃，烘烤22分钟左右。		烘烤至表皮棕黄或金黄即可出炉，不要烤过头。
2	将烤好的烧饼从中间水平切开，取出之前加入的小面球，填上肉末，装盘即可。		取出小面球后中间就有一个自然的凹窝，便于填馅。掌握好填入馅心的量。

2）实操演练

小组合作完成肉末烧饼的制作任务。学生参照操作步骤与质量标准，进行小组技能实操训练，共同完成教师布置的任务，在制作中尽可能符合质量要求。

（1）任务分配

①将学生分为4组，每组提供一套馅心制作的原料，并提供炉灶、炒锅、炒勺、烤盘等设备工具给学生。学生自己点燃煤气、调节火候，炒制肉末，口味咸鲜适中。

②每组发一套皮坯原料和制作工具。学生自己调制面团，经过搓条下剂、压剂成形等几个步骤，做成烧饼生坯。要求成形美观、大小均匀。

（2）操作条件

工作场地需要一间30平方米的实训室，设备需要炉灶4台，瓷盘8只，烤盘、刮板等辅助工具8套，原材料等。

（3）操作标准

色泽金黄，形态饱满；面皮外脆里软，馅心油润咸甜。

（4）安全须知

切配、炒制馅心和烤制烧饼时符合操作规范，注意安全，防止切伤、烫伤。用完炉灶、烤箱后及时关闭气阀和电源。

3）技能测评

被评价者：＿＿＿＿＿＿＿＿＿＿＿＿

训练项目	训练重点	评价标准	小组评价	教师评价
饼烧制作	炒制馅心	炒制时按步骤操作，掌握好调味品的加入量。	Yes □ /No □	Yes □ /No □
	调制面团	调制面团时，符合规范操作，面团软硬恰当。	Yes □ /No □	Yes □ /No □

训练项目	训练重点	评价标准	小组评价	教师评价
烧饼制作	搓条下剂	手法正确，搓条均匀，剂子分量恰当，大小一致。	Yes □ /No □	Yes □ /No □
	压剂成形	成形均匀美观，粘裹芝麻适量，摆放间距适当。	Yes □ /No □	Yes □ /No □
	成熟装盘	炉温适当，掌握火候。填入馅心适量，装盘美观。	Yes □ /No □	Yes □ /No □

评价者：＿＿＿＿＿＿＿＿

日　期：＿＿＿＿＿＿＿＿

[总结归纳]

总结教学重点，提炼操作要领

小组共同合作完成任务。学生通过肉末烧饼的制作，掌握肉末的炒制方法、发面的调制方法及肉末烧饼的制作方法。学生在完成任务的过程中，学会共同合作，自己动手制作，通过作品的呈现实现自我价值，把作品转化为产品，为企业争创经济效益。

教学重点

馅心的炒制，发面的调制，肉末烧饼的成形方法，火候的掌握。

操作要领

1. 和面符合规范，成品软硬适当。
2. 馅心调味准确，成品油润咸甜。
3. 成形动作娴熟，成品形态美观。
4. 准确掌握火候，成品色泽金黄。

[拓展提升]

思维的拓展，技能的提升

一、思考回答

1. 烧饼还能有什么变化？
2. 试分析肉末烧饼与肉夹馍的异同之处。

二、回家作业

1. 回家制作肉末烧饼给家长品尝，复习巩固，让家长提出指导意见。
2. 整理肉末烧饼的制作笔记，写出实训报告。

项目2

苏式面点制作

学习目标

◇ 掌握苏式面点的地域范围、形成历史和特点。

◇ 掌握常见苏式面点的制作方法、流程、制作关键和成品要求。

◇ 加强对学生实际职业能力的培养，重视示范教学和学生自我实践相结合，让学生在实践活动中掌握苏式面点的制作技能。

任务 1　苏式面点流派简介

2.1.1　苏式面点的地域范围和形成历史

苏式面点是指江、浙、沪一带制作的面点，因其起源于扬州、苏州，发展于江苏、上海等地，且以江苏面点为代表，故称苏式面点。

长江下游江、浙、沪一带，气候温和，土地肥沃，湖泊河流交错，物产丰富，自古就是我国的鱼米之乡，为面点制作提供了丰富的物质基础。苏式面点花色众多，讲究做工、造型、风格特色突出。苏式面点就其风味而言，包括苏州风味、淮扬风味、宁沪风味、浙江风味等，在我国面点史上占有相当重要的地位。

2.1.2　苏式面点的特点

苏式面点的用料以米、面为主，质感略软，能保持良好的造型性能。苏式面点大多数品种具有皮薄馅大、汁多肥嫩、味道鲜美、应时推出、注重形态、工艺细腻的特点。其馅心用料讲究，口味厚、色泽深、调味重、略带甜头；生馅中一般掺有皮冻，故汁多味浓。

2.1.3　苏式面点的代表性品种

具有代表性的苏式面点有三丁包子、蟹黄汤包、黄桥烧饼、苏州船点、各式酥饼、千层油糕、苏州船点、宁波汤圆等。

任务 2　苏式面点常见品种的制作

2.2.1　玉米形船点（植物形船点）制作

[任务描述]

船点是一种装饰效果极强的中式面点。它是古代苏州的达官贵人游太湖时，在游船上品尝的点心，现在主要用在点心的美化装盘上。下面学习制作玉米形船点。

[学习目标]

1.会调制船点面团。

2.会调制不同色泽的面团。

3.能捏制植物形船点。

4.掌握船点基本操作技能。

[任务实施]

边看
边想　　边做
边学　　总结
归纳　　拓展
提升

[边看边想]

相关知识介绍

你知道吗？制作玉米形船点需要用的设备、用具、原料和
调味料。

设　备：面案操作台、炉灶、锅具等。

用　具：电子秤、馅挑、面刮板、调面容器、剪刀、刮针等花
式小工具、盘子等。

原　料：澄面100克、糯米粉25克、猪油适量、食用色素等。

[知识链接]

1. 玉米形船点用什么面团制作？

玉米形船点用澄粉面团制作。

2. 澄粉面团采用怎样的调制工艺流程？

下粉 ———→ 掺水 ———→ 拌和 ———→ 揉搓

3. 玉米形船点采用哪种成熟方法？

蒸制法。

[成品要求]

1. 色泽鲜艳。

2. 形态逼真，大小均匀。

3. 质感透明，比例协调。

[边做边学]

操作步骤

1) 操作指南

👨‍🍳 步骤1　调制面团

序号 Number	流程 Step	图解 Comment	安全 / 质量 Safety/Quality
1	将澄面100克、糯米粉25克放入容器内，加入沸水。		比例要恰当，小心被沸水烫伤手。
2	用馅挑迅速调制面团，使粉团和水融合在一起。		动作要快，粉要调均匀。
3	将调好的粉团倒在干净的面案上，趁热用力揉擦均匀，再加入少许猪油揉匀面团。		趁热揉面，小心被面团热气烫伤手。

👨‍🍳 步骤2　调色下剂

序号 Number	流程 Step	图解 Comment	安全 / 质量 Safety/Quality
1	根据需要将白色面团加入蓝、黄色素调成绿色的面团。		面案和手要擦干净，把握色素调和的量。
2	白色面团加入黄色素调成黄色面团。		先调浅色面团，再调深色面团。
3	将调好颜色的面团用面刮板切成大小一致的剂子。		剂子大小要一致。

👨‍🍳 **步骤 3　搓团捏形**

序号 Number	流程 Step	图解 Comment	安全 / 质量 Safety/Quality
1	将剂子搓成圆形。		两手用力要均匀。
2	两手用力将面团搓成一头粗、一头细的长条。		两手用力要恰当。
3	在长条面团的表面用刮针先竖刻出直线的花纹。		掌握刮针力度。
4	用刮针横刻出交叉的直线花纹。		掌握花纹间距。

👨‍🍳 **步骤 4　装饰成熟**

序号 Number	流程 Step	图解 Comment	安全 / 质量 Safety/Quality
1	选择绿色面团搓成长叶子状，在表面同样用刮针刻出两根直细条。		掌握叶子长短和粗细。
2	将绿色叶子包捏在黄色玉米的两边。		比例要协调、美观。
3	玉米形船点成品。做好后，蒸制成熟即可。		大小一致，色泽鲜艳。

2）实操演练

小组合作完成玉米形船点制作任务。学生参照表中的操作步骤与质量标准，进行小组技能实操训练，共同完成教师布置的任务，在操作中要按照岗位需求来制作，质量符合作品要求。

（1）任务分配

①将学生分为4组，每组发一套面团和制作的用具。学生将澄面、糯米粉用沸水调制成面团。

②每组学生根据教师布置的学习任务，按船点制作步骤，搓团捏形。

③学生自己调制面团，经过调色下剂、搓团捏形等几个步骤，包捏出大小一致、色泽鲜艳、形状符合要求的玉米形船点。

（2）操作条件

工作场地需要一间30平方米的实训室，设备需要炉灶4个，瓷盘8只，面刮板、辅助工具8套，工作服15件，原材料等。

（3）操作标准

色泽鲜艳；形态逼真，大小均匀；质感透明，比例协调。

（4）安全须知

调制和揉面团时，不要被沸水烫伤手。

3）技能测评

被评价者：＿＿＿＿＿＿＿＿＿＿＿

训练项目	训练重点	评价标准	小组评价	教师评价
植物形船点制作	调制面团	调制面团时，符合规范操作，面团软硬恰当。	Yes □ /No □	Yes □ /No □
	调色下剂	调色正确，符合作品色泽要求。手法正确，按照要求把握剂子的分量，每个剂子大小相同。	Yes □ /No □	Yes □ /No □
	搓团捏形	根据船点作品要求，包捏手法规范，外形美观。	Yes □ /No □	Yes □ /No □
	装饰	根据船点要求装饰，成品逼真。	Yes □ /No □	Yes □ /No □

评价者：＿＿＿＿＿＿＿＿＿

日　期：＿＿＿＿＿＿＿＿＿

[总结归纳]

总结教学重点，提炼操作要领

小组共同合作完成任务。学生通过玉米形船点的制作，掌握澄粉面团的调制方法和植

物船点的捏制手法，以后可以制作不同形态的植物形船点。学生在完成任务的过程中，学会共同合作，自己动手制作，通过作品的呈现实现自我价值，把作品转化为产品，为企业争创经济效益。

教学重点

1. 澄粉面团的调制，色泽的选择和调制。
2. 植物形船点的捏制手法。

操作要领

1. 控制用水量，面团揉光洁。
2. 色泽选用准，要先浅后深。
3. 色泽要鲜艳，形态要逼真。

[拓展提升]

思维的拓展，技能的提升

一、思考回答

1. 澄粉面团还可以制作哪些面点品种？
2. 船点是否还可以用其他原料制作？
3. 植物形船点还有哪些形态？

二、回家作业

1. 回家制作5个植物形船点。
2. 创意制作1个植物形船点。

2.2.2 天鹅形船点（动物形船点）制作

[任务描述]

船点是一种装饰效果极强的中式面点。它是古代苏州的达官贵人游太湖时，在游船上品尝的点心，现在主要用在点心的美化装盘上。下面学习制作天鹅形船点。

[学习目标]

1. 会调制船点面团。
2. 会调制不同色泽的面团。
3. 能捏制动物形船点。
4. 进一步掌握船点基本操作技能。

[任务实施]

边看边想　边做边学　总结归纳　拓展提升

[边看边想]

相关知识介绍

你知道吗？ 制作天鹅形船点需要用的设备、用具、原料和调味料。

设　备：面案操作台、炉灶、锅具等。

用　具：电子秤、面刮板、馅挑、调面容器、剪刀、刮针等花式小工具、瓷盘等。

原　料：澄面100克、糯米粉25克、猪油适量、沸水适量、食用色素、鸡蛋（清）、芝麻等。

[知识链接]

1. 天鹅形船点用什么面团制作？

天鹅形船点用澄粉面团制作。

2. 澄粉面团采用怎样的调制工艺流程？

下粉 —————→ 掺水 —————→ 拌和 —————→ 揉搓

3. 天鹅形船点采用哪种成熟方法？

蒸制法。

[成品要求]

1. 色泽洁白。

2. 形态饱满，大小均匀。

3. 质感透明，比例协调。

[边做边学]

操作步骤

1）操作指南

👨‍🍳 **步骤 1 调制面团**

序号 Number	流程 Step	图解 Comment	安全 / 质量 Safety/Quality
1	将澄面 100 克、糯米粉 25 克放入容器内，加入沸水。		比例要恰当，小心被沸水烫伤手。
2	用馅挑迅速调制面团，使粉团和水融合在一起。		动作要快，粉要调均匀。
3	将调好的粉团倒在干净的面案上，趁热用力揉擦均匀，再加入少许猪油揉匀面团。		趁热揉面，小心被面团热气烫伤手。

👨‍🍳 **步骤 2 调色下剂**

序号 Number	流程 Step	图解 Comment	安全 / 质量 Safety/Quality
1	根据需要将白色面团加入红、黄色素调成有金黄色的面团。		面案和手要擦干净，把握色素调和的量。
2	白色面团加入红色素调成红色面团。		先调浅色面团，再调深色面团。
3	将白色面团用面刮板切成大小一致的剂子。		剂子大小要一致。

👨‍🍳 **步骤3　搓团捏形**

序号 Number	流程 Step	图解 Comment	安全 / 质量 Safety/Quality
1	两手用力将面团搓成一头粗、一头细的长条。	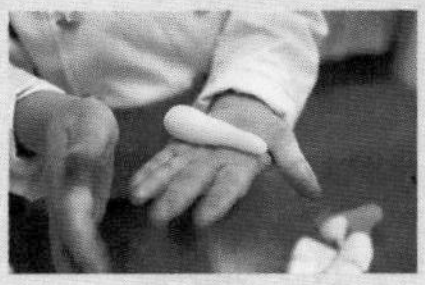	两手用力要恰当。
2	用右手在细长条的面团处先捏出天鹅的头颈。		掌握头颈和身体的比例。
3	另外取一小块面团搓成天鹅的翅膀。		掌握间距。
4	用刮针横刻出直线花纹。	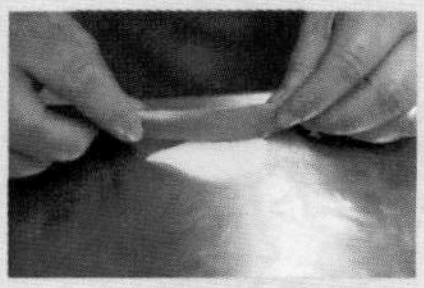	用力要恰当。
5	将搓成的翅膀用蛋清粘贴在天鹅身体的两边。	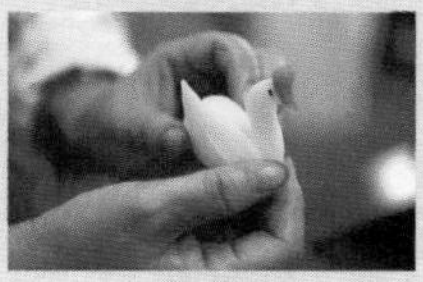	把握天鹅身体和天鹅翅膀的比例。

👨‍🍳 **步骤4　装饰成熟**

序号 Number	流程 Step	图解 Comment	安全 / 质量 Safety/Quality
1	取小块红色面团，搓成一头圆一头扁的形状。		掌握形态的要求。
2	将搓捏成形的面团，粘贴在天鹅头颈的顶部。		用力要均匀。

序号 Number	流程 Step	图解 Comment	安全 / 质量 Safety/Quality
3	用黑芝麻两粒粘上鸡蛋清，粘贴两边装做成天鹅的眼睛。		比例要协调、美观。
4	用手在鹅的尾部往上推捏，再取一小点红色面团装饰天鹅脚部。		用力要轻。
5	天鹅形船点成品。用同样的捏制方法可以做成多种造型的天鹅。做好后，蒸制成熟即可。		掌握天鹅头、颈和翅膀的变化。

2）实操演练

小组合作完成天鹅形船点制作任务。学生参照操作步骤与质量标准，进行小组技能实操训练，共同完成教师布置的任务，在操作中要按照岗位需求来制作，质量符合作品要求。

（1）任务分配

①将学生分为4组，每组发一套面团和制作用具。学生将澄面、糯米粉用沸水调制成面团。

②每组学生根据教师布置的学习任务，按船点制作步骤，进行搓团捏形。

③学生自己调制面团，经过调色下剂、搓团捏形、装饰等几个步骤，包捏成大小一致、色泽鲜艳、形状符合要求的天鹅形船点。

（2）操作条件

工作场地需要一间30平方米的实训室，设备需要炉灶4个，瓷盘8只，面刮板、辅助工具各8套，工作服15件，原材料等。

（3）操作标准

色泽洁白；形态饱满，大小均匀；质感透明，比例协调。

（4）安全须知

调制和揉面团时，不要被沸水烫伤手。

3）技能测评

被评价者：＿＿＿＿＿＿＿＿＿＿＿

训练项目	训练重点	评价标准	小组评价	教师评价
动物形船点制作	调制面团	调制面团时，符合规范操作，面团软硬恰当。	Yes □ /No □	Yes □ /No □

训练项目	训练重点	评价标准	小组评价	教师评价
动物船点制作	调色下剂	调色正确，符合作品色泽要求。手法正确，按照要求把握剂子的分量，每个剂子大小相同。	Yes □ /No □	Yes □ /No □
	搓团捏形	根据船点作品要求，包捏手法规范，外形美观。	Yes □ /No □	Yes □ /No □
	装饰	根据船点要求装饰，成品逼真。	Yes □ /No □	Yes □ /No □

评价者：_____

日　期：_____

[总结归纳]

总结教学重点，提炼操作要领

小组共同合作完成任务。学生通过天鹅形船点的制作，掌握澄粉面团的调制方法和动物形船点的捏制手法，以后可以制作不同形态的动物形船点。学生在完成任务的过程中，学会共同合作，自己动手制作，通过作品的呈现实现自我价值，把作品转化为产品，为企业争创经济效益。

教学重点

1.澄粉面团的调制，色泽的选择和调制。
2.动物形船点的捏制手法。

操作要领

1.控制用水量，面团揉光洁。
2.色泽选用准，要先浅后深。
3.色泽要鲜艳，形态要逼真。

[拓展提升]

思维的拓展，技能的提升

一、思考回答

1.澄粉面团还可以制作哪些面点品种？
2.船点是否还可以用其他原料制作？
3.想一想动物船形点还有哪些形态？

二、回家作业

1.每人回家制作3个动物形船点。
2.自己创意制作1个动物形船点。

2.2.3 蟹粉小笼包制作

[任务描述]

　　蟹粉小笼包是南方点心的典型代表作，中外闻名，尤其是江浙沪一带制作的蟹粉小笼包，口味纯正、皮薄汁多、馅大鲜嫩，颇受大家喜爱。蟹粉小笼包的制作工艺比较复杂，体现了较深的包捏基本功。

[学习目标]

1. 会加工皮冻，拌制蟹粉小笼包馅。
2. 会擀制小笼包皮。
3. 能包捏蟹粉小笼包。
4. 进一步掌握面点基本操作技能。

[任务实施]

[边看边想]

相关知识介绍

你知道吗？ 制作蟹粉小笼包需要用的设备、用具、原料和调味料。

设　备：面案操作台、炉灶、锅具、蒸笼、蒸屉等。

用　具：电子秤、擀面杖、面刮板、馅挑、小碗、剪刀、竹签等。

原　料：面粉、夹心肉糜、猪肉皮、草鸡、猪蹄、整葱、姜末、河蟹、猪油等。

调味料：食盐、糖、酱油、味精、胡椒粉、麻油等。

[知识链接]

1. 蟹粉小笼包用什么面团制作？

蟹粉小笼包用冷水调制的面团制作。

2. 冷水面团采用怎样的调制工艺流程？

下粉 ——→ 掺水 ——→ 拌和 ——→ 揉搓 ——→ 饧面

3. 蟹粉小笼包采用哪种成熟方法？

蒸制法。

[成品要求]

1. 色泽洁白。
2. 形态大小一致，花纹美观。
3. 质感皮薄馅大，吃口肥嫩。

[边做边学]

操作步骤

蟹粉拆卸 → 馅心拌制 → 制作皮冻 → 调制面团 → 搓条下剂 → 压制擀皮 → 包馅成形 → 蒸制成熟

1）操作指南

步骤 1　蟹粉拆卸

序号 Number	流程 Step	图解 Comment	安全／质量 Safety/Quality
1	河蟹煮熟后剥壳取蟹黄，用剪刀去蟹腿两端，用擀面杖压出蟹腿肉，用竹签剔出蟹身的肉。		将取出的蟹肉和蟹黄分开放置，备用。取肉时要细心，尽量多剔出蟹肉。
2	锅内倒入猪油放姜末煸炒，放入蟹黄，最后放蟹肉。		姜末煸出香味，放蟹黄煸出蟹油，再放蟹肉快速翻炒关火，以免蟹肉变老，失去蟹味。

步骤 2 馅心拌制

序号 Number	流程 Step	图解 Comment	安全 / 质量 Safety/Quality
1	将夹心肉糜放入盛器内，加入食盐、酱油、料酒、胡椒粉。		用馅挑调制，按一个方向搅拌。
2	掺入葱、姜汁水搅拌，再加入糖和味精搅拌，最后加入麻油。		一边放入葱、姜汁水一边搅拌，分两次加入葱、姜汁水，至拌上劲为止。

步骤 3 制作皮冻

序号 Number	流程 Step	图解 Comment	安全 / 质量 Safety/Quality
1	先将生肉皮、草鸡、猪蹄放入锅内，加水煮沸，取出用刀刮去表面的污物，再用温水洗干净。		生肉皮、草鸡、猪蹄焯水后，洗去污物，小心水烫伤手。
2	先将干净的生肉皮放在汤盆中，加入整葱、姜、料酒等调味品，再加入 2/3 的清水上笼蒸。		大火蒸 60 分钟，注意安全使用蒸汽。
3	先将肉皮蒸烂后，取出用刀切成碎粒，去除鸡、猪蹄。再将切成碎粒的肉皮放入原皮汤中，加入少许盐、胡椒粉、味精，用小火煮 5 分钟。		火候不能过大，以防皮汤浑浊不清，小心汤烫着手。
4	将皮冻取出切成小粒，与拌制味的肉糜和蟹粉拌和在一起，即成蟹粉小笼包馅心。		按肉糜 300 克、皮冻 200 克、蟹粉 50 克的比例拌制，注意刀具的使用安全。

步骤 4　调制面团

序号 Number	流程 Step	图解 Comment	安全 / 质量 Safety/Quality
1	将面粉围成窝状，冷水倒入面粉中间，用右手调拌面粉。		水要分次加入面粉中，不能一次加足。
2	面粉先调成"雪花状"，再洒少许水调制，揉成较硬面团。		左手用面刮板抄拌，右手配合揉面。
3	左手压着面团的另一头，右手用力揉面团，把面团揉光洁。		左右手要协调配合揉光面团。
4	用湿布或保鲜膜盖好面团，饧 5～10 分钟。		掌握好饧面的时间。

步骤 5　搓条下剂

序号 Number	流程 Step	图解 Comment	安全 / 质量 Safety/Quality
1	两只手把面团从中间往两头搓拉成长条形。		两手用力要均匀，搓条时不要撒干面粉，以免条搓不长。
2	右手用力摘下剂子，每个剂子重 10 克左右。		左手用力不能过大，左右手配合要协调。
3	将面团摘成大小一致的剂子。		要求把握剂子的分量，每个剂子要求大小相同。

步骤 6　压制擀皮

序号 Number	流程 Step	图解 Comment	安全 / 质量 Safety/Quality
1	将右手放在剂子上方。		左右手不要搞错。
2	剂子竖住往上，右手掌朝下压。		手掌朝下，不是用手指压剂子。
3	将擀面杖放在压扁的剂子中间，双手放在擀面杖的两边，上下转动擀面杖擀剂子，成薄形皮子。		擀面杖要压在皮子的中间，两手掌放平。擀面杖不要压伤手，皮子要中间稍厚、四周稍薄。

步骤 7　包馅成形

序号 Number	流程 Step	图解 Comment	安全 / 质量 Safety/Quality
1	左手托起皮子，右手拿馅挑把馅心放在皮子中间，馅心分量为 18 克左右。		馅心摆放要居中。
2	双手配合，将包住馅心的皮子捏成窝形。		双手要配合，动作要轻。
3	左手托着皮子的边缘，右手的大拇指和食指捏着皮子的另一面，打皱折，自然捏出花纹成圆形的小笼包。		双手动作要协调，花纹间距均匀，收口处面团不要太厚。

步骤8 蒸制成熟

序号 Number	流程 Step	图解 Comment	安全／质量 Safety/Quality
1	将小笼包放在笼屉里，待锅中的水烧沸后，才可以放入笼屉蒸。		笼屉里要垫上笼屉纸，以防粘着蒸笼，用大火蒸5分钟，取下时要小心，不要烫伤手指。
2	小笼包成品。		外形饱满即熟。

2）实操演练

小组合作完成蟹粉小笼包的制作任务。学生参照表中操作步骤与质量标准，进行小组技能实操训练，共同完成教师布置的任务。在操作中要按照岗位需求来制作，质量符合作品要求。

（1）任务分配

①将学生分为4组，每组发一套馅心原料和制作用具。学生把肉糜加入调味料拌成馅心。馅心口味应该咸甜适中，有汤汁。

②发给每组学生一份生肉皮、草鸡、猪蹄、葱、姜等制作肉皮冻的原料，按组熬制一份皮冻。皮冻要求凝固体，透明状，无腥味，无油腻，香味浓。

③发给每组学生一份河蟹，按组炒出一份蟹粉，要求蟹油色黄鲜艳。

④发给每组一套皮坯原料和制作工具，学生自己调制面团，经过搓条下剂、压剂擀皮、包馅成形等几个步骤，包捏成蟹粉小笼包，大小一致。

⑤提供炉灶、锅子、蒸笼、蒸屉给学生，学生自己点燃煤气，调节火候。蒸熟小笼包，品尝成品。小笼包口味及形状符合要求，口感鲜嫩。

（2）操作条件

工作场地需要一间30平方米的实训室，设备需要炉灶4个，瓷盘8只，擀面杖、辅助工具各8套，工作服15件，原材料等。

（3）操作标准

蟹粉小笼包要求色泽洁白；形态大小一致，花纹美观；质感皮薄汁多，吃口肥嫩。

（4）安全须知

蟹粉小笼包要蒸熟才能食用，成熟时小心火候，同时小心被蒸汽烫伤手。

3）技能测评

被评价者：_____

训练项目	训练重点	评价标准	小组评价	教师评价
蟹粉小笼包制作	蟹粉炒制	蟹油色黄，无腥味。	Yes □ /No □	Yes □ /No □
	制作皮冻	凝固体，透明状，无腥味，无油腻，香味浓。	Yes □ /No □	Yes □ /No □
	调制面团	调制面团时，符合规范操作，面团软硬恰当。	Yes □ /No □	Yes □ /No □
	搓条下剂	手法正确，按照要求把握剂子的分量，每个剂子大小相同。	Yes □ /No □	Yes □ /No □
	压剂擀皮	压剂、擀皮方法正确，皮子大小均匀，中间稍厚、四周稍薄。	Yes □ /No □	Yes □ /No □
	包馅成形	馅心摆放居中，包捏手法正确，外形美观。	Yes □ /No □	Yes □ /No □
	蒸制成熟	成熟方法正确，皮子不破损，馅心口味符合标准。	Yes □ /No □	Yes □ /No □

评价者：_____

日　期：_____

[总结归纳]

总结教学重点，提炼操作要领

　　小组共同合作完成任务。学生通过蟹粉小笼包的制作，掌握肉皮冻的熬制方法及提褶包捏手法，以后可以制作不同馅心的提褶包。学生在完成任务的过程中，学会共同合作，自己动手制作蟹粉小笼包，通过作品的呈现实现自我价值，把作品转化为产品，为企业争创经济效益。

教学重点

　　肉皮冻的熬制，皮冻与肉馅的比例，提褶包捏手法。

操作要领

1. 皮冻熬前先焯水，去除血污和油腻。
2. 清水洗净加葱姜，肉皮煮熟需熬烂。

3. 皮冻和肉馅1∶1，小笼皮子要擀薄。

4. 馅心摆放要居中，包捏手法要正确。

[拓展提升]

思维的拓展，技能的提升

一、思考回答

1. 熬制皮冻除了用蒸制法成熟，是否还可以用其他成熟法？

2. 蟹粉小笼包的馅心是否还可以用其他原料制作？

3. 蟹粉小笼包的皮坯能否用高筋面粉制作？

4. 提褶包捏法还适用于哪些中式点心？

二、回家作业

1. 练习擀制30张小笼包皮子。

2. 制作20只蟹粉小笼包。

3. 上网查阅南翔小笼包的典故。

2.2.4 豌蓉秋叶包制作

[任务描述]

豌蓉秋叶包是用膨松面团制作的点心，皮坯松软、馅心碧绿、口感香甜。豌蓉秋叶包也是南方地区经常食用的点心之一，营养丰富，深受大家喜爱。

[学习目标]

1. 会炒制青豌豆馅。

2. 会调制膨松面团。

3. 会包捏豌蓉秋叶包。

[任务实施]

边看边想　　边做边学　　总结归纳　　拓展提升

[边看边想]

相关知识介绍

你知道吗？ 制作豌蓉秋叶包需要用的设备、用具、原料和调味料。

设　　备：操作台、炉灶、锅子、蒸笼、蒸屉等。

用　　具：电子秤、擀面杖、面刮板、馅挑、小碗等。

原　　料：面粉、豌豆等。

调味料：精制油、酵母、泡打粉、白糖等。

[知识链接]

1. 豌蓉秋叶包用什么面团制作？

豌蓉秋叶包用膨松面团制作。

2. 豌蓉秋叶包采用哪种成熟方法？

蒸制法。

3. 怎样加工豌蓉馅心？

将青豌豆放入沸水锅内煮熟，取出，浸入冷水中，挤干水分，用刀面压成蓉。

[成品要求]

1. 色泽洁白，有光泽。
2. 形态大小一致，花纹美观。
3. 质感皮坯松软，馅心碧绿香鲜。

[边做边学]

操作步骤

制作豆蓉馅 → 调制面团 → 搓条下剂 → 压剂擀皮 → 包馅成形 → 蒸制成熟

1）操作指南

步骤1　制作豆蓉馅

序号 Number	流程 Step	图解 Comment	安全/质量 Safety/Quality
1	挑选色绿、粒大的青豌豆加冷水放蒸箱蒸酥。用网筛擦去青豌豆皮，沥干水分。		青豌豆一定要蒸酥。沥干水分可以缩短炒制豆蓉的时间。
2	锅内倒入精制油，将白糖熬化后再加入青豌豆蓉快速炒制。		迅速翻炒，避免豆蓉粘锅。
3	炒到豆蓉结团，再加少量精制油即可。		炒制时预防豆蓉溅出，小心烫伤手。

步骤2　调制面团

序号 Number	流程 Step	图解 Comment	安全/质量 Safety/Quality
1	将面粉围成窝状，将酵母、白糖放中间，泡打粉撒在面粉上面，中间加入温水，用右手调拌面粉。		调制面团时，冬季用偏热的温水，春、秋两季用偏冷的温水，夏季用冷水。调制时水要分次加入。
2	面粉调成"雪花状"，洒少许温水，揉成较软的面团。		左手用面刮板抄拌，右手配合揉面。小心面刮板刮伤手。
3	左手压着面团的另一头，右手用力揉面团，把面团揉光洁。		左右手要协调配合，揉光面团。
4	用湿布或保鲜膜盖好面团，饧5～10分钟。		把握好饧面时间。

步骤3 搓条下剂

序号 Number	流程 Step	图解 Comment	安全 / 质量 Safety/Quality
1	双手把面团从中间往两头搓拉成长条形。		双手用力要均匀，搓条时不要撒干面粉，以免条搓不长。
2	左手握住剂条，右手捏住剂条的上面，右手用力摘下剂子。		左手用力不能过大，左右手配合要协调。
3	面团摘成大小一致的剂子，每个剂子重35克左右。		按要求把握剂子的分量，每个剂子要求大小基本相同。

步骤4 压剂擀皮

序号 Number	流程 Step	图解 Comment	安全 / 质量 Safety/Quality
1	右手放在剂子上方。		左右手不要搞错。
2	剂子竖放，右手掌朝下压。		手掌朝下，不要用手指压剂子。
3	左手拿着剂子的左边，右手用擀面杖擀皮子的边缘。		擀面杖要压在皮子的边缘，两只手要协调配合。
4	右手一边擀，左手一边转动皮子，擀成薄圆形皮子。		防止擀面杖压伤手；皮子要中间稍厚、四周稍薄。

👨‍🍳 **步骤5　包馅成形**

序号 Number	流程 Step	图解 Comment	安全 / 质量 Safety/Quality
1	将面皮用左手托住，放入豆蓉馅。		馅心放中间。
2	拇指和食指左右交叉捏出褶皱，使包子外形成秋叶状。		褶皱均匀，注意间距。

👨‍🍳 **步骤6　蒸制成熟**

序号 Number	流程 Step	图解 Comment	安全 / 质量 Safety/Quality
1	把包完的豌蓉秋叶包放在蒸笼里加盖，放在暖热的地方饧 40 分钟。		把豌蓉秋叶包放在蒸笼里，包子之间要有间距，以免蒸熟后相互粘连。
2	待豌蓉秋叶包饧发至体积增大后，放在蒸汽锅中蒸 8 分钟。		包子一定要饧发足，才可以成熟。小心被蒸汽烫伤手。
3	豌蓉秋叶包作品。		形态逼真，口味甜香，注意食品卫生。

2）实操演练

小组合作完成豌蓉秋叶包制作任务。学生参照表中操作步骤和质量标准，进行小组技能实操训练，共同完成教师布置的任务，在制作中尽可能符合质量要求。

（1）任务分配

①把学生分为4组，每组给一套馅心和制作用具。

②每组发一套皮坯原料和制作工具。学生自己调制面团，经过搓条下剂、压剂擀皮、包馅成形等几个步骤，包捏成秋叶形状的包子，大小一致。

③提供炉灶、锅子、蒸笼、蒸屉给学生。学生自己点燃煤气，调节火候。蒸熟豌蓉秋叶包，品尝成品。豌蓉秋叶包口味及形状符合要求，口感松软香甜。

（2）操作条件

工作场地需要一间30平方米的实训室，设备需要炉灶4个，瓷盘8只，擀面杖、辅助工具8套，工作服15件，原材料等。

（3）操作标准

面团饧发，皮坯松软，外形美观，馅心香甜。

（4）安全须知

包子要蒸熟才能食用，成熟时小心火候，同时小心被锅中的水烫伤手。

3）技能测评

被评价者：_____

训练项目	训练重点	评价标准	小组评价	教师评价
秋叶包制作	馅心制作	豆蓉馅甜而不腻，色泽碧绿。	Yes □ /No □	Yes □ /No □
	调制面团	调制面团时，符合规范操作，面团软硬恰当。	Yes □ /No □	Yes □ /No □
	搓条下剂	搓条时用力要均匀，按照要求把握剂子的分量，每个剂子要求大小基本相同。	Yes □ /No □	Yes □ /No □
	压剂制皮	压面坯时注意用力的轻重。擀皮方法正确，皮子大小均匀，中间稍厚、四周稍薄。	Yes □ /No □	Yes □ /No □
	包馅成形	馅心摆放居中，包捏手法正确，外形美观。	Yes □ /No □	Yes □ /No □
	作品成熟	面团饧发正好，把握蒸制时间。	Yes □ /No □	Yes □ /No □

评价者：_____

日　期：_____

[总结归纳]

总结教学重点，提炼操作要领

小组共同合作完成任务。学生通过豌蓉秋叶包的制作，掌握豌蓉秋叶包的包捏手法，以后可以包捏不同馅心的包子。学生在完成任务的过程中，学会共同合作，自己动手制作豌蓉秋叶包，通过作品的呈现实现自我价值，把作品转化为产品，为企业争创经济效益。

教学重点

豌豆馅的炒制，豌蓉秋叶包包捏手法。

操作要领

1. 投料要恰当，水温要适中。
2. 面团揉光洁，剂子大小匀。
3. 皮子擀圆形，馅心要居中。
4. 包捏要正确，注意花纹美。
5. 把握饧发度，蒸制要盖好。

[拓展提升]

思维的拓展，技能的提升

一、思考回答

1. 秋叶包除了用豌豆馅做馅心，还可以用其他原料做馅心吗？
2. 用冷水可以调制膨松面团吗？
3. 能用低筋面粉制作豌蓉秋叶包的皮子吗？

二、回家作业

1. 练习擀制20张包子皮。
2. 制作20个豌蓉秋叶包。
3. 创意制作一款不同于豌蓉秋叶包口味的秋叶包。

2.2.5 锅贴制作

[任务描述]

锅贴是一种小吃，起源于山东青岛。它是煎烙的馅类小食品，制作精巧，味道精美，多以猪肉韭菜馅为常品，根据季节配以不同的蔬菜。锅贴底面呈深黄色，酥脆，面皮软韧，馅味香美。

[学习目标]

1. 会拌制鲜肉韭菜馅。
2. 会调制面团、搓条下剂、压剂擀皮等。
3. 能包捏锅贴饺。
4. 掌握面点基本操作技能。

[任务实施]

边看边想　边做边学　总结归纳　拓展提升

相关知识介绍

你知道吗？ 制作生煎锅贴需要用的设备、用具、原料和调味料。

设　备：操作台、电磁炉、平底锅、锅铲等。

用　具：擀面杖、面刮板、馅挑、小碗等。

原　料：面粉300克，夹心肉糜100克，葱50克，姜15克，韭菜50克，鸡蛋1个，水等适量。

调味料：食盐、糖、味精、胡椒粉、芝麻油等适量。

[知识链接]

1. 锅贴用哪种面团制作？

生煎锅贴用冷水面团制作。

2. 冷水面团采用怎样的调制工艺流程？

下粉掺水 ➡ 拌和 ➡ 揉搓 ➡ 饧面

3. 锅贴采用哪种成熟方法？

水油煎法。

[成品要求]

1. 色泽洁白，底部金黄。

2. 形态饱满、大小均匀。

3. 质感皮薄馅大，吃口鲜嫩。

[边做边学]

操作步骤

拌制馅心 ➡ 调制面团 ➡ 搓条下剂 ➡ 压剂擀皮 ➡ 包馅成形 ➡ 煎制成熟

1）操作指南

步骤1　拌制馅心

序号 Number	流程 Step	图解 Comment	安全／质量 Safety/Quality
1	将夹心肉糜放入盛器内，先加入食盐、料酒、胡椒粉、葱、姜、韭菜、鸡蛋调匀。		用馅挑调制，向一个方向搅拌。

步骤2　调制面团

序号 Number	流程 Step	图解 Comment	安全／质量 Safety/Quality
1	将面粉围成窝状，冷水倒入面粉中间，用右手调拌面粉。		水要分次加入面粉中，不能一次加足水。
2	把面粉先调成"雪花状"，再洒少许水调制，揉成较硬的面团。		左手用面刮板抄拌，右手配合揉面。
3	左手压着面团的另一头，右手用力揉面团，把面团揉光洁。		左右手要协调配合揉光面团。
4	用湿布或保鲜膜盖好面团，饧5～10分钟。		掌握好饧面时间。

步骤3　搓条下剂

序号 Number	流程 Step	图解 Comment	安全／质量 Safety/Quality
1	两只手把面团从中间往两边搓拉成长条形。		两手用力要均匀，搓条时不要撒干面粉，以免条搓不长。

序号 Number	流程 Step	图解 Comment	安全 / 质量 Safety/Quality
2	左手握住剂条，右手捏住剂条的上面，右手用力摘下剂子。		左手用力不能过大，左右手配合要协调。
3	将面团摘成大小一致的剂子，每个剂子重8克左右。		把握剂子的分量，每个剂子要求大小相同。

步骤4　压剂擀皮

序号 Number	流程 Step	图解 Comment	安全 / 质量 Safety/Quality
1	把右手放在剂子上方。将剂子竖立，右手掌朝下压。		手掌朝下，不要用手指压剂子。
2	右手手掌朝下，用力压扁剂子。		用力时要把握好轻重，不能压伤手。
3	把擀面杖放在压扁的剂子中间，双手放在擀面杖的两边，上下转动擀面杖擀剂子，擀成薄形皮子。		擀面杖要压在皮子的中间，两手掌放平。擀面杖不要压伤手，皮子要中间稍厚、四周稍薄。

步骤5　包馅成形

序号 Number	流程 Step	图解 Comment	安全 / 质量 Safety/Quality
1	用左手托起皮子，右手拿馅挑把馅心放在皮子中间，馅心分量为10克。		馅心不能直接吃，馅心摆放要居中。
2	左右手配合，将包住馅心的皮子对折成月牙形，两边粘住。		皮子要对折均匀，动作要轻。

步骤6 煎制成熟

序号 Number	流程 Step	图解 Comment	安全 / 质量 Safety/Quality
1	把盛入油的平底锅放在电磁炉上，将油烧热。		注意温度不可过高。
2	将做好的锅贴放入锅内。		锅贴之间留空隙。
3	待煎至底部上色，倒入热水。		热水加入的程度以刚好没过锅贴底部为好。
4	倒水之后迅速盖上锅盖。		注意火候的掌握。

2）实操演练

小组合作完成生煎锅贴制作任务。学生参照操作步骤和质量标准，进行小组技能实操训练，共同完成教师布置的任务，在制作中尽可能符合质量要求。

（1）任务分配

①将学生分为4组，每组发一套馅心和制作用具。学生把肉糜加入调味料拌成馅心。馅心口味应该是咸甜适中，有香味。

②每组发一套皮坯原料和制作工具。学生自己调制面团，经过搓条下剂、压剂擀皮、包馅成形等几个步骤制成锅贴，锅贴形状大小一致。

③提供电磁炉、平底锅、锅铲给学生。学生自己煎制锅贴，品尝成品。锅贴口味及形状符合要求，口感酥脆。

（2）操作条件

工作场地需要一间30平方米的实训室，设备需要电磁炉、擀面杖、辅助工具、工作服、原材料等。

（3）操作标准

锅贴要求皮薄馅大，底部色泽金黄，口感酥脆。

（4）安全须知

锅贴要煎熟才能食用，成熟时小心火候，防止被锅中的水和油溅伤手。

3）技能测评

被评价者：_____

训练项目	训练重点	评价标准	小组评价	教师评价
生煎锅贴制作	拌制馅心	拌制时按步骤操作，掌握调味品的加入量。	Yes □ /No □	Yes □ /No □
	调制面团	调制面团时，符合规范操作，面团软硬恰当。	Yes □ /No □	Yes □ /No □
	搓条下剂	手法正确，按照要求把握剂子的分量，每个剂子大小相同。	Yes □ /No □	Yes □ /No □
	压剂擀皮	压剂、擀皮方法正确，皮子大小均匀，中间稍厚、四周稍薄。	Yes □ /No □	Yes □ /No □
	包馅成形	馅心摆放居中，包捏手法正确，外形美观。	Yes □ /No □	Yes □ /No □
	煎制成熟	成熟方法正确，皮子不破损，馅心口味符合标准。	Yes □ /No □	Yes □ /No □

评价者：_____

日　期：_____

[总结归纳]

总结教学重点，提炼操作要领

小组合作完成任务。学生通过锅贴的制作，掌握冷水面团的调制方法和锅贴包捏手法，以后可以制作不同形态的锅贴。学生在完成任务的过程中，学会共同合作，自己动手制作，通过作品的呈现实现自我价值，把作品转化为产品，为企业争创经济效益。

教学重点

冷水面团的调制，皮的擀制，锅贴的煎制方法。

操作要领

1. 水量要控制，面团揉光洁。
2. 皮子擀圆整，中间厚边薄。
3. 馅心要居中，馅心量要足。
4. 包捏手法要正确，掌握火候。

[拓展提升]

思维的拓展，技能的提升

一、思考回答

1. 冷水面团还可以制作哪些面点品种？
2. 锅贴的馅心是否还可以用其他原料制作？
3. 大家想一想，锅贴还有哪些形态？

二、回家作业

1. 每人回家制作20只锅贴给家长品尝。
2. 到市场考察不同品种的锅贴的形状和味道有什么不同。

🧁 2.2.6 糯米烧卖制作

[任务描述]

糯米烧卖是一道江苏省的传统名点，属于苏菜系。烧卖上的颗粒状的糯米，软糯而不失嚼劲，非得亲口品尝才可体会。

[学习目标]

1. 会拌制糯米肉馅。
2. 会调制面团、搓条下剂、压剂擀皮等。
3. 能包捏烧卖。
4. 掌握烧卖基本操作技能。

[任务实施]

边看边想 → 边做边学 → 总结归纳 → 拓展提升

[边看边想]

相关知识介绍

你知道吗？ 制作糯米烧卖需要用的设备、用具、原料和调味料。

设　备：操作台、炉灶、锅子、蒸笼等。

用　具：电子秤、双手杖、面刮板、馅挑等。

原　料：面粉300克，糯米100克，五花肉100克，香菇50克，小葱20克，青豆30克，鸡蛋1个，冷水等适量。

调味料：食盐、味精、胡椒粉、芝麻油、酱油等。

[知识链接]

1. 糯米烧卖用什么面团制作？

糯米烧卖用冷水面团制作。

2. 冷水面团采用怎样的调制工艺流程？

下粉掺水 ——→ 拌和 ——→ 揉搓 ——→ 饧面

3. 糯米烧卖采用哪种成熟方法？

蒸制法。

[成品要求]

1. 色泽均匀。
2. 形态饱满，大小均匀。
3. 质感皮薄馅大，吃口鲜嫩。

[边做边学]

操作步骤

拌制馅心 → 调制面团 → 搓条下剂 → 压剂擀皮 → 包馅成形 → 蒸制成熟

1）操作指南

👨‍🍳 **步骤1　拌制馅心**

序号 Number	流程 Step	图解 Comment	安全 / 质量 Safety/Quality
1	取一大碗事先蒸好的糯米，依次加入香菇丁、五花肉、胡萝卜丁、青豆，打入鸡蛋清。		糯米不可蒸得过烂。
2	依次放入食盐、胡椒粉、味精、麻油和匀。		咸度要适中。

🧑‍🍳 步骤2　调制面团

序号 Number	流程 Step	图解 Comment	安全 / 质量 Safety/Quality
1	将面粉围成窝状，冷水倒入面粉中间，用右手调拌面粉。		水要分次加到面粉中，不能一次加足水分。
2	把面粉先调成"雪花状"，再洒少许水调制，揉成较硬面团。		左手用面刮板抄拌，右手配合揉面。
3	左手压着面团的另一头，右手用力揉面团，把面团揉光洁。		左右手要协调配合揉光面团。
4	用湿布或保鲜膜盖好面团，饧5～10分钟。		掌握好饧面时间。

🧑‍🍳 步骤3　搓条下剂

序号 Number	流程 Step	图解 Comment	安全 / 质量 Safety/Quality
1	两手把面团从中间往两边搓拉成长条形。		两手用力要均匀，搓条时不要撒干面粉，以免条搓不长。
2	左手握住剂条，右手捏住剂条的上面，右手用力摘下剂子。		左手用力不能过大，左右手配合要协调。
3	将面团摘成大小一致的剂子，剂子分量为每个大约8克。		把握剂子的分量，每个剂子要求大小相同。

步骤 4　压剂擀皮

序号 Number	流程 Step	图解 Comment	安全 / 质量 Safety/Quality
1	把右手放在剂子上方。将剂子竖立，右手掌朝下压。		手掌朝下，不是用手指压剂子。
2	把擀面杖放在压扁的剂子一边，左右手配合擀皮。		擀面杖要压在皮子侧边，力度要适中。
3	擀成荷叶皮。		注意不要将皮擀破。

步骤 5　包馅成形

序号 Number	流程 Step	图解 Comment	安全 / 质量 Safety/Quality
1	用左手托起皮子，右手拿馅挑将馅心放在皮子中间。		馅心不能直接吃，馅心摆放要居中。
2	左右手配合，将皮子往里轻轻收口。		注意调整馅料的饱和度。
3	用虎口将口收好。		力度要适中。

步骤 6　蒸制成熟

序号 Number	流程 Step	图解 Comment	安全 / 质量 Safety/Quality
1	将做好的烧卖放入笼内，大火沸水蒸 10 分钟。		小心点火时，烧伤手。注意把握蒸的时间。

2）实操演练

小组合作完成糯米烧卖的制作任务。学生参照操作步骤与质量标准，进行小组技能实操训练，共同完成教师布置的任务，在制作中尽可能符合质量要求。

（1）任务分配

①将学生分为4组，每组发给一套馅心及制作的用具。学生把糯米和五花肉加入调味料拌成馅心。馅心口味应咸甜适中，有香味。

②每组发一套皮坯原料和制作工具。学生自己调制面团，经过搓条下剂、压剂擀皮、包馅成形等几个步骤，包捏成花瓶形状的烧卖，大小一致。

③提供炉灶、锅、蒸笼给学生。学生自己点燃煤气，调节火候，蒸熟烧卖，品尝成品。烧卖口味及形状符合要求，口感鲜香。

（2）操作条件

工作场地需要一间30平方米的实训室，设备需要炉灶、瓷盘、擀面杖、辅助工具、工作服、原材料等。

（3）操作标准

烧卖要求皮薄馅大，吃口鲜香，外形像花瓶。

（4）安全须知

烧卖要煮熟才能食用。蒸制成熟时小心被蒸汽烫伤手。

3）技能测评

被评价者：_____

训练项目	训练重点	评价标准	小组评价	教师评价
糯米烧卖制作	拌制馅心	拌制时按步骤操作，掌握调味品的加入量。	Yes □ /No □	Yes □ /No □
	调制面团	调制面团时，符合规范操作，面团软硬恰当。	Yes □ /No □	Yes □ /No □
	搓条下剂	手法正确，按照要求把握剂子的分量，每个剂子大小相同。	Yes □ /No □	Yes □ /No □
	压剂擀皮	压剂、擀皮方法正确，皮子大小均匀，中间厚、四周薄。	Yes □ /No □	Yes □ /No □
	包馅成形	馅心摆放居中，包捏手法正确，外形美观。	Yes □ /No □	Yes □ /No □
	蒸制成熟	成熟方法正确，皮子不破损，馅心口味符合标准。	Yes □ /No □	Yes □ /No □

评价者：_____

日　期：_____

[总结归纳]

总结教学重点，提炼操作要领

小组合作完成任务。学生通过糯米烧卖的制作，掌握冷水面团的调制方法和烧卖包捏手法，制作不同形态的烧卖。学生在完成任务的过程中，学会共同合作，自己动手制作，通过作品的呈现实现自我价值，把作品转化为产品，为企业争创经济效益。

教学重点

冷水面团的调制，荷叶皮的擀制，烧卖包捏手法。

操作要领

1. 水量要控制，面团揉光洁。
2. 皮子擀圆整，中间厚边缘薄。
3. 馅心要居中，馅心量要足。
4. 包捏手法要正确，烧卖形状如花瓶。

[拓展提升]

思维的拓展，技能的提升

一、思考回答

1. 冷水面团还可以制作哪些面点品种？
2. 烧卖的馅心是否还可以用其他原料制作？
3. 烧卖皮可以用其他面粉制作吗？
4. 热水面团能不能做烧卖皮，为什么？

二、回家作业

1. 回家制作20只糯米烧卖给家长品尝。
2. 尝试对烧卖的馅料进行改变。

2.2.7　黄桥烧饼制作

[任务描述]

黄桥烧饼是古老的汉族传统小吃，产于江苏省泰兴市黄桥镇，由古代烧饼演化而来，流传于江淮一带。1940年10月，黄桥人民用这种芝麻烧饼慰问参加"黄桥战役"的战士，并随苏北民歌《黄桥烧饼歌》的流行而广为流传。2003年荣获"中华民族小吃"的称号。黄桥烧饼的主要形状有圆形、椭圆形两种，口味有葱油、肉松、鸡丁、火腿、豆沙等数十个品种。

[学习目标]

1. 了解黄桥烧饼的种类及发展概况。
2. 掌握酵面酥的调制及开酥方法。
3. 学会葱油味黄桥烧饼的制作。

[**任务实施**]

[**边看边想**]

相关知识介绍

你知道吗？ 制作黄桥烧饼需要用的设备、用具、原料和调味料。

设　备：操作台、烤箱、烤盘等。

用　具：电子秤、擀面杖、面刮板、馅挑、料缸等。

原　料：面粉500克，猪油150克，葱50克，芝麻40克，鸡蛋1个，酵母2克，生猪板油150克，水等适量。

调味料：食盐等。

[**知识链接**]

1. 黄桥烧饼用什么面团制作？

黄桥烧饼用烫酵面团和油酥面团制作。

2. 黄桥烧饼采用怎样的制作工艺流程？

面粉、油 ⟶ 油酥面团

拌制成馅 ⟵ 盐、味精、猪生板油、葱

面粉、水、酵母 ⟶ 烫酵面 ⟶ 包酥、开酥 ⟶ 上馅成形 ⟶ 烘烤 ⟶ 装盘

抹鸡蛋液、粘芝麻

3. 黄桥烧饼采用哪种成熟方法？

烘烤法。

[成品要求]

1. 色泽棕黄，外形饱满。
2. 层次清晰，香酥肥润。

[边做边学]

操作步骤

1）操作指南

👨‍🍳 **步骤1　拌制馅心**

序号 Number	流程 Step	图解 Comment	安全/质量 Safety/Quality
1	将生猪板油粒、葱花倒入碗中，加食盐拌匀，调制成葱油馅。		用馅挑调制，沿同一个方向搅拌均匀。

👨‍🍳 **步骤2　调制面团**

序号 Number	流程 Step	图解 Comment	安全/质量 Safety/Quality
1	将200克面粉围成窝状，倒入适量沸水，将60%的面粉烫熟，再与剩余的面粉一同散开成"雪花状"，洒上适量冷水冷却。		加入的冷、热水要适量，多加少加都会影响面团的品质。
2	将酵母倒入冷却的"雪花状"粉料中，揉成较软的面团。		"雪花粉"冷却后才可以加入酵母。
3	手掌用力，双手或单手揉，把面团揉至光洁，用湿毛巾盖好饧面。		左右手要协调配合揉光面团，注意饧面时间。
4	将300克面粉和猪油称好放在案台上。		面粉和猪油的比例要根据猪油的品质及气候情况灵活调整。

续表

序号 Number	流程 Step	图解 Comment	安全 / 质量 Safety/Quality
5	左手拿面刮，右手手掌用力，擦出软硬适中的烫酵面团。		用力均匀，手法灵活。

🧑‍🍳 步骤 3 下剂开酥

序号 Number	流程 Step	图解 Comment	安全 / 质量 Safety/Quality
1	两手把烫酵面团从中间往两头搓成长条形，并下成大小均匀的剂子。		两手用力要均匀，搓条时只可以撒少许面粉，以免剂条起皮。
2	烫酵面团搓成条，切成大小均匀的剂子。		面团较软，双手用力不能过大，配合要协调。
3	将酥皮（烫酵面）按成圆皮。		剂皮要中间厚、四周薄。
4	把油酥面团包入烫酵面圆皮中。		油酥面团要包在皮面的中间。
5	左手拇指与食指收口，右手旋转，逐渐收口。		用力均匀，包紧，收口。
6	将包好的剂子按扁后擀成鸭舌状面皮，并将面皮由外向内卷成筒。		擀皮要轻，防止破酥，筒要卷紧。

👨‍🍳 **步骤 4　包馅成形**

序号 Number	流程 Step	图解 Comment	安全 / 质量 Safety/Quality
1	把卷筒按扁折成 4 折，再按扁。		按时手掌用力，把握轻重。
2	把擀面杖放在压扁的剂子上，左手执面杖，右手转皮，将剂子擀成中间厚、四周薄的皮。		左手用力要均匀，右手旋转与左手配合得当。
3	包上馅心，搓成椭圆形，光滑面粘鸡蛋液。		包入的馅心要居中，包紧。正面粘鸡蛋液，粘鸡蛋液时要均匀。
4	在鸡蛋液面裹粘芝麻。		芝麻要粘均匀。

👨‍🍳 **步骤 5　烘烤成熟**

序号 Number	流程 Step	图解 Comment	安全 / 质量 Safety/Quality
1	将做好的半成品放在烤盘中用 220 ℃的温度烘烤 15 分钟左右。		生坯放置要整齐，开关烤箱时要轻开轻关，防止夹手，炉子温度高，要戴防热手套避免烫伤。
2	将烤好的成品装入合适的盘子。		注意盘子的形状、大小及颜色的搭配。

2）实操演练

　　小组合作完成黄桥烧饼的制作任务。学生参照操作步骤和质量标准，进行小组技能实操训练，共同完成教师布置的任务，在制作中尽可能符合质量要求。

（1）任务分配

　　①将学生分为4组，每组发一套馅心及制作用具，学生独立制作馅心。要求咸度适中，葱香浓郁。

　　②每组发一套皮坯原料和制作工具，学生自己调制烫酵面团及油酥面团，调制面团、下

剂开酥，包馅成形，要求大小均匀。

　　③提供烤箱，学生自己调节底面火温度，烤熟生坯，品尝成品。黄桥烧饼的口味及形状要符合要求，皮酥馅香。

（2）操作条件

　　工作场地需要一间30平方米的实训室，烤箱1台，擀面杖等辅助工具8套，工作服多件，原材料等。

（3）操作标准

　　黄桥烧饼要求色泽金黄，外形饱满，酥香肥润。

（4）安全须知

　　烤箱门有弹性，要轻开轻关，防止夹手，成品出箱时烤盘温度高，戴上手套避免烫伤。

　　3）技能测评

被评价者：_____

训练项目	训练重点	评价标准	小组评价	教师评价
黄桥烧饼制作	拌制馅心	拌制时按步骤操作，掌握辅料的加入顺序和数量。	Yes □ /No □	Yes □ /No □
	调制面团	调制面团时，符合规范操作，面团软硬恰当。	Yes □ /No □	Yes □ /No □
	下剂开酥	手法正确，酥层清晰。	Yes □ /No □	Yes □ /No □
	包馅成形	馅心居中，包捏手法正确，外形美观。	Yes □ /No □	Yes □ /No □
	烘烤成熟	成熟方法正确，不可破馅，色泽金黄，香酥肥润。	Yes □ /No □	Yes □ /No □

评价者：_____

日　期：_____

[总结归纳]

总结教学重点，提炼操作要领

　　小组合作完成任务。学生通过黄桥烧饼的制作，掌握烫酵面团及油酥面团的调制和开酥的方法，以后可以制作层酥类的面点。学生在完成任务的过程中，学会共同合作，勤于动手，通过作品的呈现实现自我价值，把作品转化为产品，为企业争创经济效益。

教学重点

　　面团的调制、开酥及包馅的方法。

操作要领

1.烫酵面团与油酥面的软硬度要一致。

2.烫酵面团烫面时间不要太长，开酥时用力均匀，手法正确，速度要快，酥层清晰。

3.包馅时要包紧，否则容易破馅。

[拓展提升]

思维的拓展，技能的提升

一、思考回答

1.常见的层酥类品种有哪些？

2.黄桥烧饼除了葱油馅，还有哪些馅心品种？

二、回家作业

1.完成实习报告。

2.有条件的学生在家里试做黄桥烧饼。

2.2.8 蟹壳黄制作

[任务描述]

蟹壳黄属于苏式酥饼的一种。除了正常的咸味，蟹壳黄也可以用糖做馅，就称为甜蟹壳黄。随着生活水平的提高，在保持传统的加工工艺的基础上，人们在馅料上已经进行了改良。蟹壳黄松脆、香酥、层酥相叠，重油而不腻。现在一起来学做蟹壳黄。

[学习目标]

1.会调制油酥面团。

2.会擀制层酥皮坯。

3.能拌制馅心。

4.能制作蟹壳黄。

[任务实施]

边看边想　　边做边学　　总结归纳　　拓展提升

[边看边想]

相关知识介绍

你知道吗？ 制作蟹壳黄需要用的设备、用具、原料和调
味料。

设　备：操作台、烤箱、烤盘、铲子等。

用　具：电子秤、擀面杖、面刮板、石棉手套、馅挑、刷
子、小碗等。

原　料：面粉、生猪板油、白芝麻、猪油、香葱、水等。

调味料：食盐、糖、味精、胡椒粉、麻油等。

[知识链接]

1. 蟹壳黄用什么面团制作？

蟹壳黄用油酥面团制作。

2. 油酥面团采用怎样的调制工艺流程？

水油面：下粉 ——→ 加油 ——→ 掺水 ——→ 拌和 ——→ 揉搓 ——→ 饧面

油　酥：下粉 ——→ 加油 ——→ 拌和 ——→ 揉搓 ——→ 饧面

3. 蟹壳黄采用哪种成熟方法？

烘烤法。

[成品要求]

1. 色泽金黄。

2. 形态椭圆，大小均匀。

3. 质感皮酥馅大，吃口鲜香。

[边做边学]

操作步骤

拌制馅心 → 调制面团 → 擀制酥层 → 搓条下剂 → 压制擀皮 → 包馅成形 → 烘烤成熟

1）操作指南

🍳 步骤1　拌制馅心

序号 Number	流程 Step	图解 Comment	安全 / 质量 Safety/Quality
1	将猪生板油放冰箱，冷冻硬后撕去薄膜切丁。		冷冻后的猪生板油容易撕去薄膜。
2	猪生板油丁加入食盐、味精、糖、胡椒粉拌上味，再加入方腿粒、葱花调拌，最后拌入少许香油。		拌入食盐后腌制利于成品的口感，切好葱花放在风口处吹干以利于包馅成形。

🍳 步骤2　调制面团

序号 Number	流程 Step	图解 Comment	安全 / 质量 Safety/Quality
1	先将面粉100克围成窝状，猪油15克放入面粉中间，再将温水约50毫升掺入面粉中，用右手调拌面粉。		猪油加入面粉中先调和，然后再加入温水调制。
2	将面粉调成"雪花状"，洒少许水，揉成较软的水油面团。饧面5～10分钟。		左手用面刮板抄拌，右手配合揉面。掌握好饧面时间。
3	面粉60克围成窝状，猪油30克放入面粉中间。右手调拌面粉，搓擦成干油酥面团。		右手要用力搓擦猪油和面粉，成团即可，掌握好饧面时间。

🍳 步骤3　擀制酥层

序号 Number	流程 Step	图解 Comment	安全 / 质量 Safety/Quality
1	水油面压成扁圆形的皮坯，中间包入干油酥面团。		水油面压成中间稍厚、四周稍薄的皮坯，包入干油酥面后收口要封住。

序号 Number	流程 Step	图解 Comment	安全／质量 Safety/Quality
2	将包入干油酥的面坯，再用右手轻轻地压扁。用擀面杖从中间往左右两边擀，擀成长方形的薄面皮。		压面坯时注意用力的轻重，擀面坯时用力要均匀。
3	将薄面皮由两头往中间一折三，然后再用擀面杖把面坯擀开成长方形面皮，把面皮由外往里卷成长条形的圆筒剂条。		擀面坯时撒手粉要少用，卷筒要卷紧。

👨‍🍳 步骤4 搓条下剂

序号 Number	流程 Step	图解 Comment	安全／质量 Safety/Quality
1	左手握住剂条，右手捏住剂条的上面。		按照要求把握剂子的分量。
2	右手用力摘下剂子。		左手用力不宜太重。
3	将面团摘成大小一致的剂子，每个剂子分量大约为25克。		每个剂子要求大小相同。

👨‍🍳 步骤5 压制擀皮

序号 Number	流程 Step	图解 Comment	安全／质量 Safety/Quality
1	右手放在剂子上方，手掌朝下，压住剂子。		手掌朝下，不要用手指压剂子。

序号 Number	流程 Step	图解 Comment	安全／质量 Safety/Quality
2	右手手掌朝下，用力压扁剂子。		要把握力度轻重，不能压伤手。
3	左手拿住剂子，右手拿擀面杖，转动擀面杖擀剂子，将其擀成薄形皮子。		擀面杖不要压伤手，皮子要中间稍厚、四周稍薄。

步骤6　包馅成形

序号 Number	流程 Step	图解 Comment	安全／质量 Safety/Quality
1	右手托起皮子，左手把馅心放在皮子中间。		馅心摆放要居中。
2	左右手配合，将皮子收起。		皮子要慢慢地收口，动作要轻。
3	皮子包住馅心。		收口处面团不要太厚。
4	包成圆形，再用右手压成椭圆形的饼。		收口朝下，不能朝上。
5	用擀面杖将包好的蟹壳黄擀成椭圆形扁饼。		皮坯不能擀破。
6	在蟹壳黄表面刷鸡蛋液，撒上白芝麻。		表面芝麻要撒均匀。

步骤7　烘烤成熟

序号 Number	流程 Step	图解 Comment	安全／质量 Safety/Quality
1	把半成品放进上温为210 ℃、下温为220 ℃的烤箱中，烤25分钟，至饼面呈金黄色。		烤箱要预热到要求的温度，才可以放入成品烤。
2	蟹壳黄成品。		烤制时要关注烤箱温度及烤制时间，及时进行调整。

2）实操演练

小组合作完成蟹壳黄的制作任务。学生参照操作步骤与质量标准，进行小组技能实操训练，共同完成教师布置的任务，在制作中尽可能符合质量标准。

（1）任务分配

①将学生分为4组，每组发一套馅心和制作用具。学生把猪生板油加入调味料拌成馅心。馅心口味应该是咸味适中或者甜而不腻，有香味。

②每组发一套皮坯原料和制作工具。学生自己调制面团，擀制层酥。经过搓条下剂、压剂擀皮、包馅成形等几个步骤，包捏成椭圆形的饼状，大小一致。

③提供烤箱、烤盘、铲子、石棉手套等设备和用具给学生。学生自己点燃烤箱，调节火候。烤熟烧饼，品尝成品。蟹壳黄口味及形状符合要求，口感香鲜酥松。

（2）操作条件

工作场地需要一间30平方米的实训室，设备需要烤箱4个，烤盘4个，擀面杖、辅助工具各8套，工作服15件，原材料等。

（3）操作标准

蟹壳黄要求皮坯酥松，口感香鲜，外形圆整。

（4）安全须知

蟹壳黄要烤熟才能食用，成熟时小心烤盘及烤箱的温度，注意不要被烫伤手。

3）技能测评

被评价者：_____

训练项目	训练重点	评价标准	小组评价	教师评价
蟹壳黄制作	拌制馅心	拌制时按步骤操作，掌握调味品的加入量。	Yes □ /No □	Yes □ /No □
	调制面团	调制面团时，符合规范操作，面团软硬恰当。	Yes □ /No □	Yes □ /No □

训练项目	训练重点	评价标准	小组评价	教师评价
蟹壳黄制作	擀制酥层	压面坯时注意用力的轻重，擀面坯时用力要均匀。	Yes □ /No □	Yes □ /No □
	搓条下剂	手法正确，按要求把握剂子的分量，每个剂子大小相同。	Yes □ /No □	Yes □ /No □
	压剂擀皮	压剂、擀皮方法正确，皮子大小均匀，中间稍厚、四周稍薄。	Yes □ /No □	Yes □ /No □
	包馅成形	馅心摆放居中，包捏手法正确，外形美观。	Yes □ /No □	Yes □ /No □
	烧烤成熟	成熟方法正确，皮子不破损，馅心口味符合标准。	Yes □ /No □	Yes □ /No □

评价者：＿＿＿＿＿＿＿＿＿＿＿

日　　期：＿＿＿＿＿＿＿＿＿＿＿

[总结归纳]

总结教学重点，提炼操作要领

小组合作完成任务。学生通过蟹壳黄的制作，掌握油酥面团的调制方法、层酥的擀制手法、蟹壳黄的包捏。以后可以制作其他口味的苏式月饼。学生在完成任务的过程中，学会共同合作，自己动手制作，通过作品的呈现实现自我价值。同时，在每年的中秋佳节，可以生产质优味佳的蟹壳黄，为企业争创经济效益。

教学重点

1. 油酥面团的调制，层酥的擀制。
2. 蟹壳黄的包捏手法。

操作要领

1. 油面与油酥比例恰当，油面、油酥揉光洁。
2. 擀制层酥用力要均匀，擀制时干粉要少撒。
3. 皮子擀制掌握厚薄度，馅心多且摆放居中。
4. 成熟烤箱温度要把握，注意饼面烤成黄色。

[拓展提升]

思维的拓展，技能的提升

一、思考回答

1. 油酥面团还可以制作哪些面点品种？
2. 蟹壳黄馅心是否还可以添加其他调味品调制？

3. 蟹壳黄馅心还有哪些?

二、回家作业

1. 回家制作10只蟹壳黄。

2. 自己创意制作一款不同于蟹壳黄的其他馅心的酥饼。

2.2.9 三丝眉毛酥制作

[任务描述]

冬、春两季是南方竹笋上市的时候,三丝眉毛酥就是一款利用新鲜竹笋做馅的面点。三丝眉毛酥不仅口味鲜香,而且营养价值高,有润肺清火的药用价值。接下来我们就来学习三丝眉毛酥饼的制作方法。

[学习目标]

1. 会制作三丝眉毛酥。

2. 会和面、揉面、搓条切剂等。

3. 会擀制明酥皮坯,包捏酥饼。

4. 会炸制明酥制品。

[任务实施]

[边看边想]

相关知识介绍

你知道吗? 制作三丝眉毛酥需要用的设备、用具、原料和调味料。

设　备:操作台、炉灶、锅子、手勺、漏勺等。

用　具:电子秤、单手擀面杖、面刮板、馅挑、小碗等。

原　料:猪肉、香菇、冬笋、面粉、猪油等。

调味料:食盐、糖、味精、胡椒粉、麻油、生粉等。

[知识链接]

1. 三丝眉毛酥用什么面团制作？

三丝眉毛酥用油酥面团制作。

2. 油酥面团采用怎样的调制工艺流程？

水油面：下粉 —→ 加油 —→ 掺水 —→ 拌和 —→ 揉搓 —→ 饧面

油　酥：下粉 —→ 加油 —→ 拌和 —→ 揉搓 —→ 饧面

3. 三丝眉毛酥采用哪种成熟方法？

炸制法。

[成品要求]

1. 色泽象牙色。
2. 形态大小均匀，美观。
3. 质感皮酥馅大，吃口香鲜。

[边做边学]

操作步骤

熟制三丝 → 调制面团 → 擀制酥层 → 搓条切剂 → 压剂擀皮 → 包馅成形 → 炸制成熟

1）操作指南

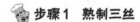
👨‍🍳 **步骤1　熟制三丝**

序号 Number	流程 Step	图解 Comment	安全 / 质量 Safety/Quality
1	猪肉、香菇切丝，冬笋焯水切丝。猪肉丝用食盐、味精、蛋清上浆。		猪肉、香菇、冬笋切丝均匀，肉丝上薄浆。
2	锅内入油，将肉丝滑油断生。捞出肉丝放香菇丝、冬笋丝煸香。放肉丝、食盐、味精、鲜汤，旺火烧沸淋入生粉勾芡成糊芡，淋入香油，冷却即可。		香菇和冬笋一定要煸炒出香味。旺火烧开鲜汤即可勾芡，以免肉丝煮老，影响口感。

👨‍🍳 步骤2 调制面团

序号 Number	流程 Step	图解 Comment	安全 / 质量 Safety/Quality
1	先将面粉100克围成窝状，猪油15克放入面粉中间，再将约50克温水掺入面粉中间，用右手调拌面粉。		将猪油加入面粉中调和，再加入温水调制。
2	将面粉调成"雪花状"，洒少许水，揉成较软的水油面团，饧5~10分钟。		左手用面刮板炒拌，右手配合揉面。掌握好饧面时间。
3	面粉60克围成窝状，猪油30克放入面粉中间，用右手调拌面粉，搓擦成干油酥面团。		右手要用力搓擦猪油和面粉，成团即可。掌握好饧面时间。

👨‍🍳 步骤3 擀制酥层

序号 Number	流程 Step	图解 Comment	安全 / 质量 Safety/Quality
1	水油面压成扁圆形的皮坯，中间包入干油酥面团。		先水油面压成中间稍厚、四周稍薄的皮坯，包入干油酥面后收口要封住。
2	用右手轻轻地压扁包入干油酥的面坯，用擀面杖从中间往左右两边擀，擀成长方形的薄面皮。		压面坯时注意用力的轻重。擀面坯时用力要均匀。
3	先将薄面皮由两头往中间一折三，然后用擀面杖将面坯擀开成长方形面皮，再将面皮由外往里卷成长条形的圆筒剂条。		擀面坯时撒手粉要少用，卷筒要卷紧。

👨‍🍳 步骤4 搓条切剂

序号 Number	流程 Step	图解 Comment	安全 / 质量 Safety/Quality
1	将剂条朝同一方向卷紧。		搓条必须沿同一方向，以免弄乱酥层。

序号 Number	流程 Step	图解 Comment	安全 / 质量 Safety/Quality
2	将剂条用刀切成厚片。		薄片厚薄均匀。

🧑‍🍳 **步骤5　压剂擀皮**

序号 Number	流程 Step	图解 Comment	安全 / 质量 Safety/Quality
1	将厚片的刀切面朝上，用右手压扁。		力度不易过大。
2	用擀面杖将厚片擀成圆形薄片。		擀皮时不能弄乱酥层。

🧑‍🍳 **步骤6　包馅成形**

序号 Number	流程 Step	图解 Comment	安全 / 质量 Safety/Quality
1	左手托面皮，包入制作好的三丝馅心。		馅心放中间，三丝馅量不能过多，以免炸酥时露馅。
2	对折成半圆形，并将一只角向内塞进一部分。		面皮两边对齐。
3	将面皮两边按紧，边缘用手捏扁。		用力要均匀。

步骤7　炸制成熟

序号 Number	流程 Step	图解 Comment	安全 / 质量 Safety/Quality
1	将包完的三丝眉毛酥放在油温约130 ℃的油锅里，用小火慢慢炸。		先将三丝眉毛酥先放入漏勺里，再放入油锅中炸，待酥饼浮起，才除去漏勺。
2	待三丝眉毛酥浮在油锅的表面时，转中火炸，一边炸一边用手勺推转，待表面呈象牙色时取出。		注意油温的掌握，炸时小心被烫伤手。
3	三丝眉毛酥成品。		小心轻拿。

2）实操演练

小组合作完成三丝眉毛酥的制作任务。学生参照操作步骤与质量标准，进行小组技能实操训练，共同完成教师布置的任务。在制作中，尽可能符合质量要求。

（1）任务分配

①将学生分为4组，每组发一套馅心及制作的用具。学生把肉丝、香菇丝、冬笋丝加入调味料做成馅心，馅心口味应该是咸鲜适中。

②每组发一套皮坯原料和制作工具。学生自己调制面团，经过调制面团、擀制酥层、搓条切剂、压剂擀皮、包馅成形等几个步骤，包捏成眉毛形的酥饼，大小一致。

③提供炉灶、锅子、手勺、漏勺给学生。学生自己点燃煤气，调节火候，炸熟三丝眉毛酥，品尝成品。酥饼口味及形状符合要求，口感鲜香。

（2）操作条件

工作场地需要一间30平方米的实训室，设备需要炉灶4个，锅子4个，手勺、漏勺4套，单手擀面杖、辅助工具8套，工作服15件，原材料等。

（3）操作标准

三丝眉毛酥要求皮坯酥松，口感香鲜，外形如同弯眉不破损。

（4）安全须知

三丝眉毛酥要炸熟才能食用，成熟时注意火候及小心被高温油烫伤手。

3）技能测评

被评价者：＿＿＿＿＿＿＿＿＿＿

训练项目	训练重点	评价标准	小组评价	教师评价
三丝眉毛酥制作	烹制馅心	拌制时按步骤操作，掌握调味品的加入量。	Yes □ /No □	Yes □ /No □
	调制面团	调制面团时，符合规范操作，面团软硬恰当。	Yes □ /No □	Yes □ /No □
	擀制酥层	压面坯时，注意用力的轻重。擀面坯时用力要均匀，少撒干粉。	Yes □ /No □	Yes □ /No □
	搓条下剂	手法正确，按要求把握剂子的分量，每个剂子要求大小相同。	Yes □ /No □	Yes □ /No □
	压剂擀皮	压剂、擀皮方法正确，皮子大小均匀，中间厚、四周薄。	Yes □ /No □	Yes □ /No □
	包馅成形	馅心摆放居中，包捏手法正确，外形美观。	Yes □ /No □	Yes □ /No □
	炸制成熟	成熟方法正确，皮子不破损，馅心口味符合标准。	Yes □ /No □	Yes □ /No □

评价者：＿＿＿＿＿＿＿

日　期：＿＿＿＿＿＿＿

[总结归纳]

总结教学重点，提炼操作要领

小组合作完成任务。学生通过三丝眉毛酥的制作，掌握三丝眉毛酥包捏手法，以后可以包捏不同馅心的眉毛酥。学生在完成任务的过程中，学会共同合作，自己动手制作三丝眉毛酥，通过作品的呈现实现自我价值，把作品转化为产品，为以后的就业提供技能。

教学重点

1. 油酥面团的调制，明酥的擀制。
2. 三丝眉毛酥的包捏手法。

操作要领

1. 油面与油酥比例恰当，油面、油酥揉光洁。
2. 擀制层酥用力要均匀，擀制时干粉要少撒。
3. 皮子擀制掌握厚薄度，馅心多且摆放居中。
4. 成熟油温火候要把握，酥饼炸制不能含油。

思维的拓展，技能的提升

一、思考回答

1.油酥面团还可以制作哪些明酥点心？

2.三丝眉毛酥的馅心是否还可以用其他原料制作？

3.明酥点心还可以做成哪些形态？

二、回家作业

1.回家制作10只三丝眉毛酥。

2.自己创意制作一款不同于三丝眉毛酥形的酥饼。

🧁 2.2.10 凤梨酥制作

[任务描述]

凤梨酥是台湾地区的代表点心，为台湾第一伴手礼。凤梨酥选用凤梨和冬瓜为主要原料来制作馅心，成品外皮酥香，馅心带有凤梨的浓郁清香，甜而不腻。

[学习目标]

1.学会炒制凤梨酥的馅心。

2.学会调制混酥面团，并能搓条下剂。

3.能掌握凤梨酥的成形方法，会使用模具来帮助成形。

4.进一步掌握面点基本操作技能。

[任务实施]

边看
边想   边做
边学   总结
归纳   拓展
提升

[边看边想]

相关知识介绍

你知道吗？制作凤梨酥需要用的设备、用具原料和调味料。

设　备：操作台、炉灶、炒锅、炒勺、烤箱等。

原　料：冬瓜600克，凤梨350克，细砂糖65克，低筋面粉180克，奶粉30克，糖粉80克，黄油100克，鸡蛋液45克，水等适量。

用　具：菜刀、砧板、炒锅、炒勺、料缸、电子秤、面刮板、馅挑、料缸、凤梨酥模具。

[知识链接]

1. 凤梨酥用什么面团制作？

凤梨酥用混酥面团制作。

2. 混酥面团采用怎样的调制工艺流程？

下粉 ——→ 油、糖、蛋 ——→ 搅拌乳化 ——→ 叠压成团

3. 凤梨酥采用哪种成熟方法？

烘烤法。

[成品要求]

1. 色泽金黄。
2. 形态与模具形状一致。
3. 质感外皮酥香，馅心香甜。

[边做边学]

操作步骤

炒制馅心 → 调制面团 → 搓条下剂 → 压剂包馅 → 装模成形 → 烘烤成熟

1）操作指南

👨‍🍳 **步骤1　炒制馅心**

序号 Number	流程 Step	图解 Comment	安全／质量 Safety/Quality
1	按照凤梨馅的制作方法先炒制好馅心，晾凉备用。称量好原料，准备好模具。		炒制馅心时掌握好火候，不要炒糊了。

👨‍🍳 **步骤2　调制面团**

序号 Number	流程 Step	图解 Comment	安全／质量 Safety/Quality
1	将低筋面粉、奶粉置于操作台上，翻拌均匀后开窝。		掌握好原料的配比，粉料可以过筛。

续表

序号 Number	流程 Step	图解 Comment	安全 / 质量 Safety/Quality
2	加入黄油、糖粉、鸡蛋液。		用糖粉的效果比用细砂糖好。
3	将黄油、糖粉、鸡蛋液用手搅打均匀，拌入面粉抄拌成"雪花状"。		黄油、糖粉、鸡蛋液要搅打彻底，乳化均匀。
4	叠压成团。		尽量采用叠压的手法成团，避免揉搓。

🧑‍🍳 步骤 3　搓条下剂

序号 Number	流程 Step	图解 Comment	安全 / 质量 Safety/Quality
1	将调制好的面团搓条。		搓条要均匀，掌握好粗细程度，便于下剂。
2	用刮板将搓好的剂条切成大小均匀的剂子。		剂子大小要均匀，每个剂子的重量控制在 12 克左右，不宜过重。

🧑‍🍳 步骤 4　压剂包馅

序号 Number	流程 Step	图解 Comment	安全 / 质量 Safety/Quality
1	将剂子搓圆后压扁。		稍微搓圆即可。

序号 Number	流程 Step	图解 Comment	安全 / 质量 Safety/Quality
2	用馅挑挑上适量凤梨馅。		馅心的分量可以多一点，重量以18克为宜。

👨‍🍳 **步骤5　装模成形**

序号 Number	流程 Step	图解 Comment	安全 / 质量 Safety/Quality
1	打入馅心后，用手轻轻地将皮往上推捏，均匀地包住馅心。		因馅心较多而且较软，在包的时候难度较大，注意掌握正确手法。馅心居中，不要破皮。
2	将包好馅的生坯压入模具中。		模具提前刷油作防粘处理。生坯压模后与模具一同摆放在烤盘中。压入生坯时要压实在，表面压平整。

👨‍🍳 **步骤6　烘烤成熟**

序号 Number	流程 Step	图解 Comment	安全 / 质量 Safety/Quality
1	将生坯放入提前预热好的烤箱，烤熟后取出晾至温热，装盘即可。		上火180 ℃、下火170 ℃，烘烤约15分钟至表面金黄。脱模冷却放置4小时后食用口感更佳。

2）实操演练

小组合作完成凤梨酥的制作任务。学生参照操作步骤与质量标准，进行小组技能实操训练，共同完成教师布置的任务，在制作中尽可能符合质量要求。

（1）任务分配

①将学生分为4组，每组发一套馅心及制作的用具，各组分别完成凤梨馅的炒制。馅心色泽金黄，口味香甜，黏稠度高。

②每组发一套皮坯原料和制作工具。学生自己调制面团，经过搓条下剂、压剂包馅、装模成形等几个步骤，完成凤梨酥生坯的制作。

③提供烤箱给学生。学生自己调节烤箱的温度，控制火候，完成凤梨酥的烘烤成熟。出炉后自己装盘，品尝成品，总结经验，交流心得。

（2）操作条件

工作场地需要一间30平方米的实训室，烤箱1台，瓷盘8只，工具8套，原材料等。

（3）操作标准

凤梨酥要求色泽金黄，形态完整，外皮酥香，馅心香甜。

（4）安全须知

烤制凤梨酥时小心被烫伤。用完烤箱后要及时关闭烤箱和电源。

3）技能测评

被评价者：＿＿＿＿＿＿＿＿＿＿＿＿

训练项目	训练重点	评价标准	小组评价	教师评价
凤梨酥制作	炒制馅心	按步骤操作，掌握投料顺序、馅心炒制程度。	Yes □ /No □	Yes □ /No □
	调制面团	调制面团时，符合规范操作，面团软硬适当。	Yes □ /No □	Yes □ /No □
	搓条下剂	手法正确，剂子分量恰当，大小一致。	Yes □ /No □	Yes □ /No □
	压剂包馅	压剂、包馅手法正确，皮厚薄均匀，馅心居中。	Yes □ /No □	Yes □ /No □
	装模成形	装模符合操作规范，成形美观。	Yes □ /No □	Yes □ /No □
	烘烤成熟	正确掌握烘烤的温度和时间，脱模时不破损。	Yes □ /No □	Yes □ /No □

评价者：＿＿＿＿＿＿＿＿

日　期：＿＿＿＿＿＿＿＿

[总结归纳]

总结教学重点，提炼操作要领

小组合作完成任务。学生通过凤梨酥的制作，掌握凤梨馅、混酥面团的调制方法和凤梨酥的成形方法。学生在完成任务的过程中，学会共同合作，自己动手制作，通过作品的呈现实现自我价值，把作品转化为产品，为企业争创经济效益。

教学重点

馅心的炒制，混酥面团的调制，凤梨酥的包捏手法及装模方法。

操作要领

1.炒制馅心火候恰当，面团软硬适中。
2.生坯外皮厚薄一致，馅心位置居中。
3.生坯烘烤火候恰当，脱模形状完整。

[拓展提升]

思维的拓展，技能的提升

一、思考回答

1.混酥面团可以制作哪些面点品种？
2.凤梨酥可以用哪种形状的模具来制作？

二、回家作业

1.回家制作凤梨酥给家长品尝，复习巩固，让家长提出指导意见。
2.用其他形状的模具制作另外一款凤梨酥。

项目3

广式面点制作

学习目标

✧ 掌握广式面点的地域范围、形成历史和特点。

✧ 掌握常见广式面点的制作方法、流程、制作关键和成品要求。

✧ 加强对学生实际职业能力的培养，重视示范教学和学生自我实践相结合，让学生在实践活动中掌握广式面点的制作技能。

任务1 广式面点流派简介

3.1.1 广式面点的地域范围和形成历史

广式面点泛指珠江流域及南部沿海地区制作的面点，因以广东地区面点为代表，故称广式面点。

广州作为广东的省会，长期以来就是珠江流域和南部沿海地区的经济、文化中心，各行各业发展迅猛，尤其是餐饮业中的面点制作技术，比南方其他地区发展更快。自汉魏以来，广州就成为我国对外通商的口岸，经济贸易繁荣，使广式面点富有南国风味，自成一格。近百年来，广式面点又汲取了部分西式面点的制作技术，品种更为丰富。由于历代面点师的不断努力与巧妙构思，广式面点自成一格，极富独创性且风味独特。

3.1.2 广式面点的特点

广式面点使用的坯料范围广泛，特别善于利用瓜果类、蔬菜类、豆类、杂粮类和鱼虾类为坯料。皮质软、爽、薄，品种繁多，花色讲究，使用糖、蛋、油较多，馅心多样、晶莹，制作工艺精细，味道清淡鲜滑。

3.1.3 广式面点的代表性品种

广式点心富有代表性的品种有笋尖鲜虾饺、广式月饼、岭南鸡蛋挞、老婆饼等。

任务2 广式面点常见品种的制作

3.2.1 老婆饼制作

[任务描述]

老婆饼是广东潮州地区的一道传统名点，采用油酥面团制作，皮薄馅厚，甜而不腻，深受人们喜爱。

[学习目标]

1.学会拌制老婆饼的馅心。

2.学会调制水油面团和油酥面团。

3.学会搓条下剂，掌握小包酥的包酥和开酥手法。

4.掌握老婆饼的成形手法。

边看
边想 ——— 边做
边学 ——— 总结
归纳 ——— 拓展
提升

[边看边想]

相关知识介绍

你知道吗？ 制作老婆饼需要用的设备、用具和原料。

设　备：操作台、烤箱。

用　具：电子秤、擀面杖、面刮板、烤盘、羊毛刷、美工刀等。

原　料：①水油面团：面粉300克，猪油45克，水等适量。

②油酥面团：低筋粉200克，猪油110克。

③馅心：切碎的冬瓜糖180克，切碎的熟花生仁100克，熟芝麻30克，熟面粉50克，猪油60克。

[知识链接]

1. 老婆饼用什么面团制作？

老婆饼用水油面团和油酥面团制作。

2. 水油面团和油酥面团采用怎样的调制工艺流程？

①水油面团：下粉 ——→ 加水、猪油 ——→ 揉搓成团 ——→ 饧面

②油酥面团：下粉 ——→ 加入猪油 ——→ 叠擦 ——→ 成团

3. 老婆饼采用哪种成熟方法？

烘烤法。

[成品要求]

1. 色泽金黄。

2. 形态呈圆饼状，刀口美观。

3. 质感饼皮酥脆化渣，馅心甜而不腻。

[边做边学]

操作步骤

1）操作指南

👨‍🍳 **步骤1 调制馅心**

序号 Number	流程 Step	图解 Comment	安全 / 质量 Safety/Quality
1	将水油面团、油酥面团和馅心所用的原料分别准备好。		注意原料的配比。冬瓜糖切碎，熟花生仁切碎，取适量面粉炒熟备用。
2	取一个盆子，放入切碎的冬瓜糖、切碎的熟花生仁、熟芝麻、熟面粉拌匀，放入猪油、适量水拌匀，即成馅心。		掌握好放入猪油的量，少了太干，多了太腻。

👨‍🍳 **步骤2 调制面团**

序号 Number	流程 Step	图解 Comment	安全 / 质量 Safety/Quality
1	先和水油面团，面粉开窝，再加入猪油、水。		加水时少量多次，面团软硬适中。
2	抄拌成"雪花状"后揉成面团，盖上湿毛巾饧面。		面团揉匀揉透，达到"三光"要求。
3	和油酥面团，面粉加入猪油，借助刮板叠擦。		掌握好面粉和猪油的比例，一般为2:1。
4	将面团叠擦均匀、细腻。		和好的油酥面团含油量适当，不发干、不粘手。

序号 Number	流程 Step	图解 Comment	安全 / 质量 Safety/Quality
1	将水油面团搓条下剂。		剂子大小均匀。
2	将油酥面搓条下剂。		油酥面团较松散，可用刮板切剂。掌握好两种剂子的大小。

步骤 4　包酥开酥

序号 Number	流程 Step	图解 Comment	安全 / 质量 Safety/Quality
1	将油酥面剂搓圆，将水油面剂压扁后包入油酥面剂，收紧收口，依次全部包完。		包酥时将空气全部挤出，收紧收口。
2	将包好的面剂置于操作台上按扁，用擀面杖擀成牛舌形。		擀皮时用力均匀。
3	由外向内卷成圆筒形。		卷的时候尽量卷紧。
4	将圆筒形的面剂擀长、擀薄。		擀的时候用力均匀。
5	由两头向中间折三折。		折的时候折整齐。
6	再次将折好的面剂按扁，擀开擀薄，即成酥皮。		擀皮时用力均匀，擀出的皮厚薄一致。

👨‍🍳 **步骤 5　包馅成形**

序号 Number	流程 Step	图解 Comment	安全 / 质量 Safety/Quality
1	取一张酥皮，包入适量调好的馅心。		掌握好馅心的分量。
2	包馅后收紧收口，并将收口朝下，按扁成圆饼状。		掌握好按压的力度，确保做好的饼大小均匀、厚薄一致。
3	用美工刀在做好的饼坯表面均匀地划上三刀，再将饼坯整齐地排入烤盘。		注意刀口整齐均匀。

👨‍🍳 **步骤 6　烘烤成熟**

序号 Number	流程 Step	图解 Comment	安全 / 质量 Safety/Quality
1	在做好的饼坯表面，用羊毛刷刷上一层蛋黄液。		蛋黄液要刷均匀，保证成熟时着色一致。
2	在刷好蛋黄液的饼坯表面撒上白芝麻。		白芝麻的量不宜太多，要撒均匀。
3	最后送入提前预热好的烤箱中，烘烤至成熟，待温热时装盘即可。		掌握好烘烤的温度和时间，上、下火180 ℃，约20分钟表皮金黄时即可出炉。

2）实操演练

小组合作完成老婆饼的制作任务。学生参照操作步骤和质量标准，进行小组技能实操训练，共同完成教师布置的任务，在制作中尽可能符合质量要求。

（1）任务分配

①将学生分为4组，每组发一套馅心和制作工具，分别完成老婆饼馅心的调制。馅心干

湿适当，甜而不腻。

②每组发一套皮坯原料和制作工具。学生自己调制面团，经过搓条下剂、包酥开酥、包馅成形等几个步骤，完成老婆饼的制作。饼坯形态美观，大小一致。

③提供烤箱给学生。学生自己调节烤箱的温度，控制火候，完成老婆饼的烘烤成熟。出炉后自己装盘，品尝成品，总结经验，交流心得。

（2）操作条件

工作场地需要一间30平方米的实训室，烤箱1台，瓷盘8只，擀面杖、辅助工具8套，原材料等。

（3）操作标准

老婆饼要求色泽金黄，形态美观，饼皮酥脆化渣，馅心甜而不腻。

（4）安全须知

烤制老婆饼时小心被烫伤。用完烤箱后要及时关闭烤箱和电源。

3）技能测评

被评价者：＿＿＿＿＿＿＿＿＿＿

训练项目	训练重点	评价标准	小组评价	教师评价
老婆饼制作	拌制馅心	拌制时按步骤操作，掌握好猪油的加入量。	Yes □ /No □	Yes □ /No □
	调制面团	调制面团时，符合规范操作，面团软硬恰当。	Yes □ /No □	Yes □ /No □
	搓条下剂	手法正确，剂子分量恰当，大小一致。	Yes □ /No □	Yes □ /No □
	包酥开酥	包酥时收紧收口；开酥时手法正确，符合操作规范。	Yes □ /No □	Yes □ /No □
	包馅成形	馅心分量恰当，包捏手法正确，外形饱满美观。	Yes □ /No □	Yes □ /No □
	烘烤成熟	掌握好烘烤的温度和时间。	Yes □ /No □	Yes □ /No □

评价者：＿＿＿＿＿＿＿＿

日　期：＿＿＿＿＿＿＿＿

[总结归纳]

总结教学重点，提炼操作要领

小组合作完成任务。学生通过老婆饼的制作，掌握水油面团、油酥面团的调制方法，小包酥的包酥和开酥手法，可以制作不同馅心的老婆饼，也可以举一反三，制作类似的其他油酥面团制品。学生在完成任务的过程中，学会共同合作，自己动手制作，通过作品的呈现实现自我价值，把作品转化为产品，为企业争创经济效益。

教学重点

1.水油面团和油酥面团的调制。

2.小包酥的包酥和开酥手法。

3.老婆饼的成形手法。

操作要领

1.调制面团时软硬适中。

2.包酥和开酥手法正确，符合操作规范。

3.包馅成形时馅心分量合适，收口自然，成形美观。

4.成熟时掌握好烘烤的温度和时间。

[拓展提升]

思维的拓展，技能的提升

一、思考回答

1.油酥面团还可以制作哪些面点品种？

2.老婆饼的馅心是否还可以用其他原料制作？

二、回家作业

1.制作老婆饼给家长品尝，复习巩固，让家长提出指导意见。

2.自己创意制作一款不同馅心的老婆饼。

3.2.2 岭南鸡蛋挞制作

[任务描述]

岭南鸡蛋挞是广式面点的代表品种，也是中西结合的代表品种。岭南鸡蛋挞外酥内软，色泽黄亮，层次分明，甜嫩可口，颇受食客喜爱，是酒家、茶楼的常见点心。

[学习目标]

1.了解油酥面团、水油面团的基本特性。

2.掌握广式蛋挞皮的开酥方法。

3.掌握蛋挞馅的调制及烘烤成熟方法。

4.学会岭南鸡蛋挞的制作。

[任务实施]

边看边想　边做边学　总结归纳　拓展提升

相关知识介绍

你知道吗？制作岭南鸡蛋挞需要用的设备、用具、原料和调味料。

设　　备：操作台、烤箱、烤盘等。

用　　具：电子秤、走槌、面刮板、料缸、菊花盏、圆模等。

原　　料：面粉500克，鸡蛋175克，黄油300克，吉士粉3克，澄面8克，醋精1克，水等适量。

调味料：白糖150克。

[知识链接]

1. 岭南鸡蛋挞用什么面团制作？

岭南鸡蛋挞用油酥面团制作。

2. 岭南鸡蛋挞采用怎样的调制工艺流程？

面粉、黄油 ——————→ 油酥面团　　　调浆 ←—— 醋、澄面、白糖、鸡蛋

　　　　　　　　　　　　开酥 ——→ 装浆成形 ——→ 烘烤成熟

面粉、鸡蛋、黄油、水 ——→ 水油面团

3. 岭南鸡蛋挞采用哪种成熟方法？

烘烤法。

[成品要求]

1. 色泽黄亮。

2. 大小均匀，酥松嫩滑，形态美观。

[边做边学]

操作步骤

调制蛋浆 → 调制皮面 → 调制酥面 → 擀皮开酥 → 装浆成形 → 烘烤装盘

1）操作指南

👨‍🍳 **步骤1　调制蛋浆**

序号 Number	流程 Step	图解 Comment	安全 / 质量 Safety/Quality
1	将125克白糖、3克吉士粉、8克澄面称好入盆，将125克鸡蛋打入盆中。		鸡蛋壳不可掉入鸡蛋液中。
2	用筷子将鸡蛋、澄面、白糖调匀。		调匀时一直沿同一方向搅拌，吉士粉要调散，不可有球。
3	冲入 140 毫升开水调匀后，滴入几滴醋过滤后备用。		不要冲得过快，防止生熟不匀。

👨‍🍳 **步骤2　调制皮面**

序号 Number	流程 Step	图解 Comment	安全 / 质量 Safety/Quality
1	将 250 克面粉围成窝状，将 50 克鸡蛋、75 克水倒入面粉中间。		水可分次加入面粉中，便于调整面团的软硬度。
2	先将水和鸡蛋拌匀，再与面粉调成"雪花状"，最后洒少许水，揉成软硬适中的面团。		一只手用面刮板抄拌，另一只手配合揉面。
3	双手配合，将面团揉至光滑。用湿布或保鲜膜盖好，饧5～10分钟。		左右手要协调配合揉光面团，掌握好饧面的时间。

步骤 3　调制酥面

序号 Number	流程 Step	图解 Comment	安全 / 质量 Safety/Quality
1	将 250 克面粉及 300 克黄油称好，放在案板上。		黄油的加入量可以根据黄油的质量、气温及操作室的具体情况做适当调整。
2	将面粉和黄油擦匀，合成面团备用。如果气温过高，可擀成日字形皮，放入冰箱冻硬。		和面时用力适中，左右手配合要协调。

步骤 4　擀皮开酥

序号 Number	流程 Step	图解 Comment	安全 / 质量 Safety/Quality
1	用走槌将皮面压扁后，再擀成日字形厚片。		擀皮时用力均匀，擀成方形。
2	用走槌将酥面擀成约为皮面一半大小的厚片。		案板上撒少许粉，擀时用力要轻，速度要快，以防油酥面团变软。
3	将油酥面包入皮面中，捏拢收口。		包入油酥面时，边缘要捏紧。
4	用走槌将包好的厚片擀开。		开酥时用力要均匀，手法要灵活，防止破酥。
5	将擀好的厚皮折 4 折，再擀开折叠，如此反复 3 次，最后擀成厚 2 ~ 3 毫米的厚片。		如果气温高，每次擀皮折叠后都要把面团放入冰箱冷却后再开酥。

步骤5 装浆成形

序号 Number	流程 Step	图解 Comment	安全 / 质量 Safety/Quality
1	取圆形模具放在面皮上，将面皮下成圆形剂子。		模具的大小要适中。
2	菊花盏内撒干面粉，将圆形坯放在模中，按成窝形。		从下往上按，用力要轻，防止按破。
3	将鸡蛋液倒入模具中，八成满即可。		倒鸡蛋液时不可过满。

步骤6 烘烤装盘

序号 Number	流程 Step	图解 Comment	安全 / 质量 Safety/Quality
1	将生坯放在烤盘中，放入烤箱，用210 ℃的温度烘烤15分钟至成熟。		放入烤箱时烤盘要稳，防止鸡蛋浆溢出。开关烤箱门时要轻开轻关，防止夹手。炉子温度高，要戴防热手套防止烫伤。
2	将烤好的制品装入合适的盘子中。		盘子大小、颜色要协调。

2）实操演练

小组合作完成岭南鸡蛋挞的制作。学生参照操作步骤和质量标准，进行小组技能实操训练，共同完成教师布置的任务，在制作中尽可能符合质量要求。

（1）任务分配

①将学生分为4组，每组发一套鸡蛋浆制作的原料和用具。学生自己制作鸡蛋浆，鸡蛋

浆均匀无杂质。

②每组发一套皮坯原料和制作工具。学生自己调制面团，经过擀皮开酥、装浆成形、烘烤装盘等几个步骤，做成大小一致的生坯。

③提供烤箱，调节炉温，烘烤成熟，品尝成品。成品的色泽、口感要符合制品的质量标准。

（2）操作条件

工作场地需要一间30平方米的实训室，设备需要烤箱1个，走槌、料缸、模具等工具4套，工作服，原材料等。

（3）操作标准

蛋挞应色泽黄亮，形态美观，层次分明，酥香嫩滑。

（4）安全须知

烤箱门有弹性，要轻开轻关，防止夹手。出烤箱时要戴手套防止烫伤。

3）技能测评

被评价者：_____

训练项目	训练重点	评价标准	小组评价	教师评价
岭南鸡蛋挞制作	调制蛋浆	调制时按步骤操作，加沸水搅拌时，鸡蛋浆要求生熟均匀。	Yes □ /No □	Yes □ /No □
	调制面团	调制面团时，符合规范操作，面团软硬恰当。	Yes □ /No □	Yes □ /No □
	下剂开酥	开酥擀皮方法正确，皮子厚薄均匀，层次清晰。	Yes □ /No □	Yes □ /No □
	装浆成形	圆皮置于模子正中，外形美观，鸡蛋浆的量合适。	Yes □ /No □	Yes □ /No □
	烘烤成熟	成熟方法正确，色泽黄亮，外酥内滑。	Yes □ /No □	Yes □ /No □

评价者：_____

日　期：_____

[总结归纳]

总结教学重点，提炼操作要领

小组合作完成任务。学生通过岭南鸡蛋挞的制作，掌握鸡蛋浆的调制以及擀皮开酥、装浆成形的手法。学生在完成任务的过程中，学会共同合作，勤于动手，在实践的过程中，通过作品的呈现实现自我价值，把作品转化为产品，为企业争创经济效益。

教学重点

油酥面团的调制，开酥方法，成熟火候的控制。

操作要领

1.酥面、皮面的软硬度要一致。

2.开酥时用力均匀，注意烤箱温度，防止破酥。

3.掌握好火力大小，火大边沿容易煳，火小鸡蛋浆不熟。

[拓展提升]

思维的拓展，技能的提升

一、思考回答

1.开酥方法还可以用于哪些面点品种的制作？

2.调制鸡蛋浆的水可以用其他原料代替吗？

二、回家作业

1.完成实训总结。

2.有条件的学生在家里试做。

3.2.3 伦教糕制作

[任务描述]

伦教糕属岭南传统点心，因创于广东顺德伦教镇而得名。糕身多孔膨松，色泽晶莹洁白，味道清甜爽滑。由于品质、风味独特，成为广大消费者喜欢的夏季凉点。

[学习目标]

1.了解伦教糕的由来。

2.掌握发酵粉团调制的原理和方法。

3.学会伦教糕的制作。

[任务实施]

边看边想 → 边做边学 → 总结归纳 → 拓展提升

相关知识介绍

你知道吗？ 制作伦教糕需要用的设备、用具、原料和调味料。

设　备：操作台、炉灶、水锅、蒸笼等。

用　具：料缸、勺子、切刀、砧板等。

原　料：籼米粉500克，酵母5克，水等。

调味料：白糖等。

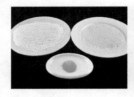 

[知识链接]

1. 伦教糕用什么面团制作？

伦教糕用发酵粉团制作。

2. 发酵粉团采用怎样的调制工艺流程？

白糖、水 —→ 糖浆　　　　酵母

米粉、水 —→ 厚糊 —→ 冷却 —→ 发酵 —→ 蒸制

3. 伦教糕采用哪种成熟方法？

蒸制法。

[成品要求]

1. 糕身多孔膨松。

2. 色泽晶莹洁白。

3. 味道清甜爽滑。

[边做边学]

操作步骤

1）操作指南

🧑‍🍳 步骤1　调制米浆

序号 Number	流程 Step	图解 Comment	安全 / 质量 Safety/Quality
1	将籼米粉倒入料缸中，加入400毫升水调成厚糊状。		一边加水一边搅拌，厚糊的浓度要把握好，不要过浓，也不要过清。
2	将剩余的水倒入锅中，加白糖烧沸溶化。		白糖入锅后要轻轻搅拌，防止锅边的糖液烧煳。
3	将熬好的糖倒入厚糊中搅拌均匀。		倒入糖浆后要快速搅拌，使籼米糊烫至半熟。

🧑‍🍳 步骤2　充分饧发

序号 Number	流程 Step	图解 Comment	安全 / 质量 Safety/Quality
1	籼米糊冷却至30 ℃左右时加入酵母（面肥）调匀。		加入酵母时籼米糊温度不可过高或过低。
2	籼米糊用纱布盖好，放在温暖的地方饧发8～10小时，至籼米糊表面布满气泡为止。		饧发要充分，否则影响成品的膨松度。如过酸可加入适量的小苏打中和。

🧑‍🍳 步骤3　成熟装盘

序号 Number	流程 Step	图解 Comment	安全 / 质量 Safety/Quality
1	蒸笼中垫湿纱布，将饧好的籼米糊倒入蒸笼中，旺火蒸15～20分钟后出笼。		两手用力要均匀，搓条时不要撒干籼米粉，以免条搓不长。

续表

序号 Number	流程 Step	图解 Comment	安全 / 质量 Safety/Quality
2	将熟品冷却,改刀后装入盘子中。		一般切成三角形或方形,品质符合质量标准。

2）实操演练

小组合作完成伦教糕的制作任务。学生参照操作步骤和质量标准,进行小组技能实操训练,共同完成教师布置的任务,在制作中尽可能符合质量要求。

（1）任务分配

①将学生分为4组,每组发一套原料及制作工具。学生自己调节籼米糊,调制时要把握好籼米糊的浓度。

②提供炉灶、水锅、蒸笼等。学生自己点燃煤气,调节火候,蒸熟糕点,品尝成品。伦教糕的形状、色泽及口味要符合要求,口感清甜爽滑。

（2）操作条件

工作场地需要一间30平方米的实训室,案台4张,炉灶1个,水锅1个,蒸笼4层,辅助工具4套,工作服多件,原材料等。

（3）操作标准

糕身多孔膨松,色泽晶莹洁白,味道清甜爽滑。

（4）安全须知

伦教糕一般要蒸熟冷却后才可食用,蒸熟出笼时温度高,小心被蒸汽烫伤手。

3）技能测评

被评价者：_____

训练项目	训练重点	评价标准	小组评价	教师评价
伦教糕制作	调制籼米糊	调制时按步骤操作,掌握水的加入量、籼米糊的熟度、酵母加入时的温度。	Yes □ /No □	Yes □ /No □
	籼米糊饧发	按季节控制饧发时间长短,发好的籼米糊表面要有大量气泡,酒香四溢,口感清甜,无酸味或略有酸味。	Yes □ /No □	Yes □ /No □
	成熟装盘	蒸制时正确调节火候,成熟冷却后再改刀,成品的口感、色泽、外观要符合标准。	Yes □ /No □	Yes □ /No □

评价者：_____

日　期：_____

[总结归纳]

总结教学重点，提炼操作要领

小组合作完成任务。学生通过伦教糕的制作，掌握发酵粉团的调制方法和原理，以后可以制作类似的发糕。学生在完成任务的过程中，学会合作，勤于动手，通过作品的呈现实现自我价值，把作品转化为产品，为企业争创经济效益。

教学重点

发酵粉团的调制，发酵程度的把握。

操作要领

1. 籼米粉加水后呈浓浆状，加糖后将籼米糊烫至半熟。

2. 加酵母时籼米糊温度为30 ℃左右，温度过高或过低都会影响发酵。饧发时间以籼米糊表面起大量气泡，口感清甜、无酸或微酸为准。

3. 蒸制时要旺火蒸，蒸熟冷却后再改刀。

[拓展提升]

思维的拓展，技能的提升

一、思考回答

1. 有哪些常见的米类面团？

2. 当气温过低时，还可以用什么方法调制籼米糊？

3. 还可以加入哪些原料进行口感的创新？

二、回家作业

1. 每人回家制作一份传统的伦教糕给家长品尝。

2. 自己创作设计一款口味独特的伦教糕。

3.2.4 奶黄包制作

[任务描述]

奶黄包，又称奶皇包，是以馅料命名的一款传统广式点心。广东人喜欢喝早茶的时候点上一笼，配上沏好的香片，慢慢品尝它浓郁的奶香，还有奶黄馅那细腻绵滑的滋味。一款完美的奶黄包，除了馅料的味道要足、要有浓郁的奶香和蛋黄味外，对面皮的要求也很高。面要白如雪，表面要光如脂，入口要绵如云，整体要圆润饱满。

[学习目标]

1. 会制作奶黄馅。

2. 会调制面团、搓条下剂、包馅成形等。

3. 能包捏奶黄包（圆头）。

4. 掌握面点基本操作技能。

[任务实施]

边看
边想 —————— 边做
边学 —————— 总结
归纳 —————— 拓展
提升

[边看边想]

相关知识介绍

你知道吗？制作奶黄包需要的设备、用具和原料。
设　备：操作台、炉灶、锅子、蒸笼等。
用　具：电子秤、擀面杖、面刮板、料缸、蛋抽等。
原　料：椰浆100克，鸡蛋1个，吉士粉25克，黄油30克，低
　　　　筋粉20克，奶粉20克，澄粉20克，中筋粉200克，酵
　　　　母5克，白糖50克，泡打粉5克，纯净水等适量。

[知识链接]

1. 奶黄包用什么面团制作？

奶黄包用冷水面团制作。

2. 冷水面团采用怎样的调制工艺流程？

下粉掺水 ——→ 拌和 ——→ 揉搓 ——→ 饧面

3. 奶黄包采用哪种成熟方法？

蒸制法。

[成品要求]

1. 色泽洁白。
2. 形态饱满，大小均匀。
3. 质感皮薄馅大，吃口鲜嫩。

[边做边学]

操作步骤

1)操作指南

步骤1 拌制馅心

序号 Number	流程 Step	图解 Comment	安全/质量 Safety/Quality
1	将鸡蛋打入盆中,放入白糖打化。		白糖要全部打化。
2	依次加入澄粉、吉士粉、低筋粉拌匀,加入淡奶和椰浆充分混合,制成奶黄馅。		低筋粉、澄粉和吉士粉要混合过筛后才能加入。
3	将混合好的奶黄馅料放入蒸笼蒸30分钟。		中途每10分钟搅拌一次,用中火蒸制。
4	将蒸好的馅料分成等量的小份搓圆,每个小球重约10克。		蒸好后的馅料要稍凉之后再分成小份。

步骤2 调制面团

序号 Number	流程 Step	图解 Comment	安全/质量 Safety/Quality
1	将泡打粉、酵母和面粉混合均匀。倒在面板上,中间开窝,下入白糖,倒入纯净水。		将白糖放在面窝里,倒入水后用手搅拌,使白糖溶化后再和面。
2	将面粉先调成"雪花状",再洒少许水调制,揉成软硬合适的面团。		左手用面刮板抄拌,右手配合揉面。

序号 Number	流程 Step	图解 Comment	安全 / 质量 Safety/Quality
3	左手压着面团的另一头，右手用力揉面团，把面团揉光洁。		左右手要协调配合揉光面团。
4	用湿毛巾或保鲜膜盖好面团，饧20分钟。		掌握好饧面的时间，中途再揉一次面团。

🧑‍🍳 步骤 3　搓条下剂

序号 Number	流程 Step	图解 Comment	安全 / 质量 Safety/Quality
1	两手把面团从中间往两头搓拉成长条形。		两手用力要均匀，搓条时不要撒干面粉，以免条搓不长。
2	左手握住剂条，右手捏住剂条的上面，右手用力摘下剂子。		左手用力不能过大，左右手配合要协调。
3	将面团摘成大小一致的剂子，每个剂子分量大约为15克。		按要求把握剂子的分量，每个剂子要求大小相同。

🧑‍🍳 步骤 4　压剂擀皮

序号 Number	流程 Step	图解 Comment	安全 / 质量 Safety/Quality
1	把右手放在剂子上方。将剂子竖立，右手掌朝下压。		手掌朝下，不是用手指压剂子。
2	把擀面杖放在压扁的剂子一边。左手捏住剂子，右手按住擀面杖往里擀皮，擀成薄形皮子。		要求皮子中间厚、边缘薄。

步骤5 包馅成形

序号 Number	流程 Step	图解 Comment	安全 / 质量 Safety/Quality
1	用左手托起皮子，右手将奶黄放在皮子中间，馅心分量大约为10克。		馅心摆放要居中。
2	左右手配合，先用皮子将奶黄馅合起来包住。		动作要轻。
3	用右手虎口将收口收好。		收好后稍微搓一下。

步骤6 蒸制成熟

序号 Number	流程 Step	图解 Comment	安全 / 质量 Safety/Quality
1	把盛有水的蒸锅放在炉灶上，放上装着奶黄包的蒸笼。		不等水开就将蒸笼放入。
2	水开后蒸10分钟即可。		火力不可过大。

2）实操演练

小组合作完成奶黄包制作任务。学生参照操作步骤与质量标准，进行小组技能实操训练，共同完成教师布置的任务，在制作中尽可能符合质量要求。

（1）任务分配

①将学生分为4组，每组发一套馅心和制作工具。学生自己制作馅料。馅心口味应该口感香甜，奶香味浓郁。

②每组发一套皮坯原料和制作工具。学生自己调制面团，经过搓条下剂、压剂擀皮、包馅成形等几个步骤，包捏成奶黄包，大小一致。

③提供炉灶、锅、蒸笼给学生。学生自己调节火候，蒸熟包子，品尝成品。奶黄包口味及形状符合要求，口感香甜。

（2）操作条件

工作场地需要一间30平方米的实训室，设备需要炉灶、蒸笼、擀面杖、辅助工具、工作服、原材料等。

（3）操作标准

奶黄包要求成形圆整，表面光滑有光泽。口感绵软，味道香甜，有浓郁的奶香味。

（4）安全须知

奶黄包要蒸熟才能食用，成熟时小心火候及被水蒸气烫伤手。

3）技能测评

被评价者：_____

训练项目	训练重点	评价标准	小组评价	教师评价
奶黄包制作	拌制馅心	拌制时按步骤操作，掌握各种原材料的加入量。	Yes □ /No □	Yes □ /No □
	调制面团	调制面团时，符合规范操作，面团软硬恰当。	Yes □ /No □	Yes □ /No □
	搓条下剂	手法正确，按照要求把握剂子的分量，每个剂子大小相同。	Yes □ /No □	Yes □ /No □
	压剂擀皮	压剂、擀皮方法正确，皮子大小均匀，中间厚、边缘薄。	Yes □ /No □	Yes □ /No □
	包馅成形	馅心摆放居中，包捏手法正确，外形美观。	Yes □ /No □	Yes □ /No □
	蒸制成熟	成熟方法正确，皮子不破损，馅心符合口味标准。	Yes □ /No □	Yes □ /No □

评价者：_____

日　期：_____

[总结归纳]

总结教学重点，提炼操作要领

小组合作完成任务。学生通过奶黄包的制作，掌握冷水面团的调制方法以及圆头包的包捏手法。学生在完成任务的过程中，学会共同合作，自己动手制作，通过作品的呈现，实现自我价值，把作品转化为产品，为企业争创经济效益。

教学重点

发酵面团的调制，面皮的擀制，圆头包子的包捏手法。

操作要领

1. 水量要控制，面团揉光洁。
2. 皮子擀圆整，中间厚边缘薄。
3. 馅心要居中，馅心量要足。
4. 包捏手法要正确，成品要圆整。

[拓展提升]

思维的拓展，技能的提升

一、思考回答

1. 冷水面团还可以制作哪些面点品种？
2. 奶黄馅还可以用来做其他哪些面点品种？

二、回家作业

1. 每人回家制作20个奶黄包给家长品尝。
2. 自己利用奶黄馅来制作其他面点作品。

3.2.5　蛋黄莲蓉月饼制作

[任务描述]

蛋黄莲蓉月饼是广式月饼。广式月饼是我国南方地区，特别是广东地区民间传统应节食品——中秋月饼的一种形式。广式月饼闻名于世，其特点是：皮薄松软，油光闪闪，色泽金黄，造型美观，图案精致，花纹清晰，不易破碎，包装讲究，携带方便，是人们在中秋节送礼的佳品，也是人们在中秋之夜赏月不可缺少的美食。

[学习目标]

1. 会调制月饼皮，搓条下剂。
2. 能包制月饼。
3. 掌握面点基本操作技能。
4. 会使用烤箱。

[任务实施]

边看
边想　　　　边做
边学　　　　总结
归纳　　　　拓展
提升

相关知识介绍

你知道吗？制作蛋黄莲蓉月饼需要用的设备、工具和原料。

设　备：操作台、烤箱、烤盘等。

工　具：电子秤、擀面杖、面刮板、喷壶、毛刷、蛋抽等。

原　料：转化糖浆100克，花生油40克，枧水5克，低筋粉160克，莲蓉80克，咸蛋黄1个，水等适量。

 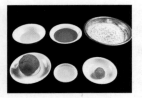

[知识链接]

1. 蛋黄莲蓉月饼用什么面团制作？

蛋黄莲蓉月饼用水油面团制作。

2. 水油面团采用怎样的调制工艺流程？

下粉 ——→ 拌和加油 ——→ 揉搓 ——→ 饧面

3. 蛋黄莲蓉月饼采用哪种成熟方法？

烘烤法。

[成品要求]

1. 色泽金黄。

2. 形态饱满，大小均匀。

3. 质感纹路清晰，口感松软。

[边做边学]

操作步骤

馅料准备 → 调制皮料 → 搓条下剂 → 压剂擀皮 → 包馅成形 → 压形成熟

1）操作指南

步骤1　馅料准备

序号 Number	流程 Step	图解 Comment	安全 / 质量 Safety/Quality
1	取莲蓉分成相同的份数后搓圆。		莲蓉团搓得光滑紧实。
2	在莲蓉团中间包上咸蛋黄，搓圆。		咸蛋黄包在正中间。

步骤 2　调制皮料

序号 Number	流程 Step	图解 Comment	安全 / 质量 Safety/Quality
1	取一个稍大的料缸，倒入糖浆，加入枧水和花生油用蛋抽调匀。		刮刀要顺一个方向转。
2	和匀的面团放在案板上，用刮板和手成团。盖上湿毛巾，静置1小时。		毛巾不要太湿。

步骤 3　搓条下剂

序号 Number	流程 Step	图解 Comment	安全 / 质量 Safety/Quality
1	将饧过的月饼面坯搓条。		两手用力要均匀，搓条时不要撒干面粉，以免条搓不长。
2	用面刀切成小段。		大小均匀。

序号 Number	流程 Step	图解 Comment	安全 / 质量 Safety/Quality
3	将下好的剂子搓圆、压扁。		压的时候用力均匀，保持圆整。

👨‍🍳 步骤4　压剂擀皮

序号 Number	流程 Step	图解 Comment	安全 / 质量 Safety/Quality
1	把右手放在剂子上方，剂子竖放，右手掌朝下压。		手掌朝下，不是用手指压剂子。
2	右手掌朝下，用力压扁剂子。		用力要把握轻重，不能压伤手。
3	把擀面杖放在压扁的剂子中间，双手放在擀面杖的两边，上下转动擀面杖擀剂子，将其擀成薄形皮子。		擀面杖要压在皮子的中间，两手掌放平。擀面杖不要压伤手，皮子要中间稍厚、四周稍薄。

👨‍🍳 步骤5　包馅成形

序号 Number	流程 Step	图解 Comment	安全 / 质量 Safety/Quality
1	将取制好的皮放在手上，包上做好的莲蓉蛋黄馅球。		大小均匀。
2	左右手配合，一边包一边用右手推，直到整个馅料都包匀。		用右手拇指一边包一边推压。

序号 Number	流程 Step	图解 Comment	安全 / 质量 Safety/Quality
3	将馅料全部包严，搓圆。		不要漏出馅料。

🧑‍🍳 **步骤 6　压形成熟**

序号 Number	流程 Step	图解 Comment	安全 / 质量 Safety/Quality
1	在月饼模具上补粉，将做好的月饼坯子放入模具。		注意力度要适中。
2	用手轻压，扣在烤盘内。		烤盘底部需要刷油撒粉，防止粘连烤盘。
3	将做好的月饼放入烤箱，中途刷事先做好的蛋液。上、下火 180 ℃烤 25 分钟。		先烤 15 分钟，去除稍凉之后刷蛋液，继续进烤箱烤 10 分钟。

2）实操演练

小组合作完成月饼制作任务。学生参照操作步骤与质量标准，进行小组技能实操训练，共同完成教师布置的任务，在制作中尽可能符合质量要求。

（1）任务分配

①将学生分为4组，每组发一套馅心及制作的用具。

②每组发一套皮坯原料和制作工具。学生自己调制面团，经过搓条下剂、压剂擀皮、包馅成形等几个步骤，包捏成蛋黄莲蓉月饼，大小一致。

③提供烤箱、模具、毛刷给学生。学生自己压制成形，自己烤制，点评成品。月饼色泽及形状符合要求，纹路层次清晰。

（2）操作条件

工作场地需要一间30平方米的实训室，设备需要烤箱2台、烤盘8只、擀面杖、辅助工具、工作服、原材料等。

（3）操作标准

蛋黄莲蓉月饼要求色泽金黄，表面油亮，纹路层次清晰。

（4）安全须知

注意烤箱的使用方法，防止烫伤、触电。

3）技能测评

被评价者：_____

训练项目	训练重点	评价标准	小组评价	教师评价
广式月饼制作	馅料准备	拌制时按步骤操作。	Yes □ /No □	Yes □ /No □
	调制皮料	调制面团时，符合规范操作，面团软硬恰当。	Yes □ /No □	Yes □ /No □
	搓条下剂	手法正确，按照要求把握剂子的分量，每个剂子大小相同。	Yes □ /No □	Yes □ /No □
	压剂擀皮	压剂、擀皮方法正确，皮子大小均匀，中间稍厚、四周稍薄。	Yes □ /No □	Yes □ /No □
	包馅成形	馅心摆放居中，包捏手法正确，圆整不露馅。	Yes □ /No □	Yes □ /No □
	压模成熟	成熟方法正确，皮子不破损，成品符合要求。	Yes □ /No □	Yes □ /No □

评价者：_____

日　期：_____

[总结归纳]

总结教学重点，提炼操作要领

小组合作完成任务。学生通过蛋黄莲蓉月饼的制作，掌握水油面团的调制方法及模具成形手法，以后可以制作不同形式的糕点。学生在完成任务的过程中，学会共同合作，自己动手制作，通过作品的呈现实现自我价值，把作品转化为产品，为企业争创经济效益。

教学重点

水油面团的调制，模具的使用，小皮包大馅的手法。

操作要领

1. 皮料不可长时间搅拌，面团揉光洁。
2. 皮子压圆整，中间稍薄、四周稍厚。

3. 包捏手法要正确，压模的力度要控制好。

[拓展提升]

思维的拓展，技能的提升

一、思考回答

1. 水油面团还可以制作哪些面点品种？
2. 广式月饼的馅心是否还可以用其他原料制作？
3. 利用模具还可以制作哪些点心？
4. 还有哪些不一样的月饼？

二、回家作业

1. 考察市场上其他月饼的形态和口味有什么不同。
2. 考察当地还有哪些用模具制作的点心。

3.2.6 笋尖鲜虾饺制作

[任务描述]

虾饺是广东地区的传统小吃，起源于广州郊外靠近河涌集市的茶居。那些地方盛产鱼虾，茶居师傅将鱼虾再配上猪肉、竹笋，制成肉馅。当时虾饺的外皮选用黏（大）米粉，皮质较厚，但由于鲜虾味美，很快流传开来。城内的茶居将虾饺引进后，经过改良，以一层澄面皮包一至两只虾为主馅，大小多以一口为限。传统的虾饺为半月形、蜘蛛肚。馅料有虾、肉、笋，味道鲜美爽滑，美味可口。

[学习目标]

1. 会拌制虾饺馅。
2. 会烫制面团、搓条下剂、擀制虾饺皮等。
3. 能包捏月牙饺。
4. 掌握面点基本操作技能。

[任务实施]

边看边想 —— 边做边学 —— 总结归纳 —— 拓展提升

相关知识介绍

你知道吗？制作笋尖鲜虾饺需要用的设备、用具、原料和调味料。

设　备：操作台、炉灶、菜板等。

用　具：电子秤、擀面杖、面刮板、蒸笼、压皮刀、吸水纸等。

原　料：澄面200克，生粉50克，纯净水200克，冬笋50克，虾仁100克，猪肥膘肉50克，葱花20克，猪油20克，水等适量。

原　料：食盐、味精、胡椒粉、芝麻油等适量。

 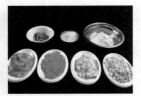

[知识链接]

1. 笋尖鲜虾饺用什么面团制作？

笋尖鲜虾饺用热水面团制作。

2. 热水面团采用怎样的调制工艺流程？

下粉烫面 ——→ 拌和散热 ——→ 擦搓 ——→ 饧面

3. 笋尖鲜虾饺采用哪种成熟方法？

蒸制法。

[成品要求]

1. 色泽洁白。

2. 形态饱满，大小均匀。

3. 质感皮薄馅大，吃口鲜嫩。

[边做边学]

操作步骤

1）操作指南

步骤1 拌制馅心

序号 Number	流程 Step	图解 Comment	安全 / 质量 Safety/Quality
1	将虾仁放在菜板上，用刀拍扁。		力度不可过大。
2	挑去虾线，放入碗内。加入猪肥膘肉、胡萝卜丁、冬笋丁、葱花、食盐、味精、胡椒粉，拌匀。		切的蔬菜丁不可过大。

步骤2 烫制面团

序号 Number	流程 Step	图解 Comment	安全 / 质量 Safety/Quality
1	将澄面和玉米淀粉搅拌均匀，水烧开后倒入锅中，一边倒水一边搅拌，直至没有干面粉。		水烧开后把火关小，避免烫煳。
2	将烫好的面倒在案板上，加入猪油抓匀，稍凉之后用手擦匀。		要趁面团还没有凉透就加入猪油并迅速擦匀。
3	在擦好之后的成面团上搭湿毛巾，饧面15分钟。		毛巾不可过湿。

步骤3 搓条下剂

序号 Number	流程 Step	图解 Comment	安全 / 质量 Safety/Quality
1	两手把面团从中间往两头搓拉成长条形。		两手用力要均匀，搓条时不要撒干面粉，以免条搓不长。

序号 Number	流程 Step	图解 Comment	安全／质量 Safety/Quality
2	采用切剂子的方式，用面刀将搓好的条子切成12克左右的剂子。		动作要轻快，剂子大小要合适。
3	将面团摘成大小一致的剂子，剂子分量每个大约为8克。		按要求把握剂子的分量，每个剂子要求大小相同。

👨‍🍳 **步骤4　压剂擀皮**

序号 Number	流程 Step	图解 Comment	安全／质量 Safety/Quality
1	把右手放在剂子上方。剂子竖放，右手掌朝下压。		手掌朝下，不是用手指压剂子。
2	右手掌朝下，用力压扁剂子。		力度要把握好轻重，不能压伤手。
3	把擀面杖放在压扁的剂子中间，单手压住擀面杖擀剂子，成薄形皮子。		擀面杖要压在皮子边缘往里擀，力度不要过大。

👨‍🍳 **步骤5　包馅成形**

序号 Number	流程 Step	图解 Comment	安全／质量 Safety/Quality
1	用左手托起皮子，右手拿勺子把馅心放在皮子中间。		馅心不能直接吃，摆放要居中。
2	左右手配合，将包住馅心的皮子对折从右向左包捏。		力度要小，动作要轻。

序号 Number	流程 Step	图解 Comment	安全 / 质量 Safety/Quality
3	左右手配合依次包捏出褶子。		褶子要均匀。

👨‍🍳 **步骤6　蒸制成熟**

序号 Number	流程 Step	图解 Comment	安全 / 质量 Safety/Quality
1	把盛有水的锅子放在炉灶上，等水锅的水烧沸后，上笼蒸5分钟。		火力不可过猛。

2）实操演练

小组合作完成笋尖鲜虾饺制作任务。学生参照操作步骤与质量标准，进行小组技能实操训练，共同完成教师布置的任务，在制作中尽可能符合质量要求。

（1）任务分配

①将学生分为4组，每组发一套馅心和制作工具。学生把原料做好加入调味料拌成馅心。馅心口味应该咸甜适中，有香味。

②每组发一套皮坯原料和制作工具。学生自己烫制面团，经过搓条下剂、压剂擀皮、包馅成形等几个步骤，包捏成月牙形状的虾饺，大小一致。

③提供炉灶、锅子、蒸笼给学生。学生自己点燃煤气，调节火候。蒸熟笋尖鲜虾饺，品尝成品。笋尖鲜虾饺口味及形状符合要求，口感鲜嫩。

（2）操作条件

工作场地需要一间30平方米的实训室，设备需要炉灶、擀面杖、辅助工具、工作服、原材料等。

（3）操作标准

笋尖鲜虾饺要求皮薄馅大，吃口鲜嫩，外形美观。

（4）安全须知

笋尖鲜虾饺要蒸熟才能食用，成熟时小心火候及被蒸汽烫伤手。

3）技能测评

被评价者：_____

训练项目	训练重点	评价标准	小组评价	教师评价
笋尖鲜虾饺制作	拌制馅心	拌制时按步骤操作，掌握调味品的加入量。	Yes □ /No □	Yes □ /No □
	烫制面团	烫制面团时，符合规范操作，面团软硬恰当。	Yes □ /No □	Yes □ /No □
	搓条下剂	手法正确，按照要求把握剂子的分量，每个剂子大小相同。	Yes □ /No □	Yes □ /No □
	压剂擀皮	压剂擀皮方法正确，皮子大小均匀，中间厚、四周薄。	Yes □ /No □	Yes □ /No □
	包馅成形	馅心摆放居中，包捏手法正确，外形美观。	Yes □ /No □	Yes □ /No □
	蒸制成熟	成熟方法正确，皮子不破损，馅心符合口味标准。	Yes □ /No □	Yes □ /No □

评价者：_____

日　期：_____

[总结归纳]

总结教学重点，提炼操作要领

小组合作完成任务。学生通过笋尖鲜虾饺的制作，掌握热水面团的调制方法和笋尖鲜虾饺包捏手法，以后可以制作不同形态的蒸饺。学生在完成任务的过程中，学会共同合作，自己动手制作，通过作品的呈现实现自我价值，把作品转化为产品，为企业争创经济效益。

教学重点

热水面团的调制，饺子皮的擀制，月牙饺包捏手法。

操作要领

1.水量要控制，面团要揉光洁。
2.皮子擀圆整，中间厚、四周薄。
3.馅心要居中，馅心量要足。
4.包捏手法要正确，笋尖鲜虾饺形状如蜘蛛肚，褶子均匀。

一、思考回答

1. 热水面团还可以制作哪些面点品种?
2. 月牙饺还有哪些馅料可以更换?
3. 蒸饺还有哪些形态?

二、回家作业

1. 回家制作20只笋尖鲜虾饺给家长品尝。
2. 创意制作一些不同馅料的月牙蒸饺。

3.2.7 广式油条制作

[任务描述]

油条是一种长条形中空的油炸面食，口感松脆，有韧劲。人们常常将油条和豆浆配合在一起食用，是中国传统早点之一。传统油条在制作过程中都加入了明矾，明矾里含有大量的铝，不利于身体健康。本任务将制作无矾油条：广式油条。

[学习目标]

1. 会和制油条面团。
2. 油条的炸制。

[任务实施]

[边看边想]

相关知识介绍

你知道吗? 制作广式油条需要用的设备、用具和原料。

设 备：操作台、炉灶、锅子、手勺、漏勺等。

用 具：电子秤、擀面杖、面刮板、竹签等。

原 料：高筋粉500克，苏打3克，枧水3克，食盐3克，酵母5克，泡打粉5克，水等适量。

[知识链接]

1. 广式油条用什么面团制作？

广式油条用冷水面团制作。

2. 冷水面团采用怎样的调制工艺流程？

下粉掺水 ⟶ 拌和 ⟶ 揉搓 ⟶ 饧面

3. 广式油条采用哪种成熟方法？

炸制法。

[成品要求]

1. 色泽金黄。
2. 形态饱满，大小均匀。
3. 质感酥松，吃口酥脆。

[边做边学]

操作步骤

1）操作指南

 步骤1　调制面团

序号 Number	流程 Step	图解 Comment	安全 / 质量 Safety/Quality
1	高筋粉加入苏打、臭粉、枧水、食盐、酵母、泡打粉，围成窝状，将冷水倒入面粉中间，用右手调拌面粉。		水要分次加入高筋粉中，不能一次加足水分。
2	先把高筋粉调成"雪花状"，再洒少许水调制，揉成较软面团。		左手用面刮板抄拌，右手配合揉面。
3	左手压着面团的另一头，右手用力揉面团，把面团揉光洁。		左右手要协调配合揉光面团。

序号 Number	流程 Step	图解 Comment	安全 / 质量 Safety/Quality
4	将面团揉好后在案桌上刷上一层油，放上面团用湿毛巾或保鲜膜盖好面团，饧40分钟。		掌握好饧面的时间。

👨‍🍳 **步骤 2　饧发开条**

序号 Number	流程 Step	图解 Comment	安全 / 质量 Safety/Quality
1	将饧好的面团切成3份。		每份大小均匀一致
2	在面板上撒扑粉，用擀面杖从中间擀开。		注意力度要适中。
3	擀开之后换个方向，向两头把面团擀长。		厚度要一致。
4	将条子擀成长的牛舌形。		厚薄要一致。

👨‍🍳 **步骤 3　油条切剂**

序号 Number	流程 Step	图解 Comment	安全 / 质量 Safety/Quality
1	用面刀将擀开的面皮切成小片。		剂片大小一致。

步骤4　压形炸制

序号 Number	流程 Step	图解 Comment	安全 / 质量 Safety/Quality
1	用一根稍长的竹签蘸水后压在切好的面片中间。		保证面片中间压过的部分均匀蘸上水。
2	取一片没蘸湿的面片压在蘸过水的面片上。		力度要轻，上下对齐。
3	两片面片对齐之后用面刀在上面一层压一下。		注意力度要合适。
4	压好之后用两手把面片拉开，下入油锅。		用筷子不断翻拨动油条。
5	炸至两面金黄。		火候的控制，八成油温。

2）实操演练

小组合作完成广式油条制作任务。学生参照操作步骤与质量标准，进行小组技能实操训练，共同完成教师布置的任务，在制作中尽可能符合质量要求。

（1）任务分配

①将学生分为4组，每组发一套制作工具。

②每组发一套皮坯原料和制作工具。学生自己调制面团，经过饧发开条、油条切剂、压形炸制等几个步骤，制作油条，成品大小一致。

③提供炉灶、锅子、手勺、漏勺给学生。学生自己点燃煤气，调节火候，炸制油条，品尝成品。油条口味及形状符合要求，口感酥脆。

（2）操作条件

工作场地需要一间30平方米的实训室，设备需要炉灶、瓷盘、擀面杖、辅助工具、工作服、原材料等。

（3）操作标准

广式油条要求体态饱满，色泽金黄，口感酥脆。

（4）安全须知

油条要炸熟才能食用，成熟时小心火候及被锅中的高温油烫伤手。

3）技能测评

被评价者：_____

训练项目	训练重点	评价标准	小组评价	教师评价
广式油条制作	调制面团	调制面团时，符合规范操作，面团软硬恰当。	Yes □ /No □	Yes □ /No □
	饧发开条	手法正确，开条为牛舌形。	Yes □ /No □	Yes □ /No □
	油条切剂	按照要求把握剂子的分量，每个剂子大小相同。	Yes □ /No □	Yes □ /No □
	压形炸制	成熟方法正确，炸至两面金黄。	Yes □ /No □	Yes □ /No □

评价者：_____

日　期：_____

[总结归纳]

总结教学重点，提炼操作要领

　小组合作完成任务。学生通过广式油条的制作，掌握冷水面团的调制方法和炸制手法。学生在完成任务的过程中，学会共同合作，自己动手制作，通过作品的呈现实现自我价值，把作品转化为产品，为企业争创经济效益。

教学重点

　调制冷水面团，饧发开条，压形炸制。

操作要领

水量要控制，面团揉光洁。

[拓展提升]

思维的拓展，技能的提升

一、思考回答

1. 为什么油条不能加入明矾？

2. 炸油条的时候油温是几成？

二、回家作业

每人回家制作广式油条给家长品尝。

项目 4

川式面点制作

学习目标

◇ 掌握川式面点的地域范围、形成历史和特点。

◇ 掌握常见川式面点的制作方法、流程、制作关键和成品要求。

◇ 加强对学生实际职业能力的培养,重视示范教学和学生自我实践相结合,让学生在实践中掌握川式面点的制作技能。

任务 1　川式面点流派简介

4.1.1　川式面点的地域范围和形成历史

川式面点泛指长江中上游地区及西南地区制作的面点，以四川面点为代表，故称川式面点。

四川素有"天府之国"的美誉，其境内江河山脉纵横，四季常青，气候温和，物产丰富，面点原料多样：既有山区的山珍野味，又有江河的鱼虾蟹鳖；既有肥嫩味美的各类禽兽，又有四季不断的各种新鲜蔬菜和笋菌；还有品种繁多、质地优良的各种调味品。其优越的自然条件，为川式面点的发展奠定了雄厚的物质基础。加上历代高厨们的努力，不断开发创新，特别是博采南北各地面点制作工艺与风味之长，形成了川式面点独特的风味，富有浓郁的地方特色。

4.1.2　川式面点的特点

川式面点用料广泛，各有特色。时令性强，制作精细，擅长米粉制品的制作。川式面点馅心多样，常用山珍野味作为馅料，口味丰富，以咸、甜、麻、辣味居多，尤其擅调麻辣味。

4.1.3　川式面点的代表性品种

川式面点富有代表性的品种有龙抄手、担担面、叶儿粑、赖汤圆、鲜花饼、滇式硬壳火腿月饼、荞糕等。

任务 2　川式面点常见品种的制作

4.2.1　龙抄手制作

[任务描述]

抄手又名馄饨（北方）、云吞（南方）、包面等。抄手是四川大部分地区的叫法，主要得于其成形时上下两角折合，左右两角向中间包抄交叉黏合，形似人的双手抱胸相抄。

龙抄手始创于20世纪40年代，是著名的四川小吃，目前成都开有数家分店。取名"龙抄手"，并非老板姓龙，而是创办人当年商议开店之事是在当时的"浓花茶园"，借用"浓花茶园"的"浓"字，以谐音字"龙"为名号，寓有"龙腾虎

跃"、"吉祥如意"、生意兴"隆"之意。

抄手的馅心有多种，今天我们学做水打鲜猪肉馅抄手。

[学习目标]

1. 会调制水打鲜猪肉抄手馅。
2. 能包捻抄手。
3. 会调制龙抄手碗底料。
4. 掌握面点基本操作技能。

[任务实施]

边看边想 —— 边做边学 —— 总结归纳 —— 拓展提升

[边看边想]

相关知识介绍

你知道吗？ 制作龙抄手需要用的设备、用具、坯料、馅料和碗底料。

设　备：操作台、炉灶、锅子、手勺、漏勺、盆子。

用　具：电子秤、馅挑、小碗等。

坯　料：抄手皮50张。

馅　料：夹心猪肉糜300克，葱20克，姜10克，鸡蛋1个，食盐5克，味精3克，胡椒粉1克，料酒3克，香油10克，水等适量。

碗底料：棒骨原汤1 000克，盐5克，味精3克，胡椒粉1克，猪油5克。

[知识链接]

1. 龙抄手用什么面团制作？

龙抄手用冷水面团制作，现在多直接选用机制皮。

2. 机制抄手皮采用怎样的工艺流程？

下粉掺水 ——→ 拌和 ——→ 揉搓 ——→ 饧面——→ 制皮 ——→ 切皮

3. 龙抄手采用哪种成熟方法？

煮制法。

[成品要求]

1. 形态饱满，大小均匀。
2. 吃口皮薄馅嫩，滑爽香鲜。

[边做边学]

操作步骤

拌制馅心 ——→ 包馅成形 ——→ 调碗底料 ——→ 煮制成熟

1）操作指南

👨‍🍳 步骤1　拌制馅心

序号 Number	流程 Step	图解 Comment	安全 / 质量 Safety/Quality
1	将夹心猪肉糜放入盛器内，先加入少量食盐和料酒，再搅打起胶。		用手调制，顺一个方向搅拌。
2	分次加入姜、葱水，五指张开，顺一个方向进行搅打上劲，再放鸡蛋液搅打均匀。		分次加水，忌加水过急，搅打顺一个方向进行。
3	调入食盐、味精、胡椒粉和香油搅和均匀，成水打馅心。		可先加油脂搅和均匀后再加食盐，利用油脂将水分包裹住，从某种程度上控制吐水。

步骤 2　包馅成形

序号 Number	流程 Step	图解 Comment	安全 / 质量 Safety/Quality
1	左手托皮，上馅于对角处。		此为生荤馅，不能直接吃，上馅要置于皮子对角处。
2	双手配合，借助馅挑用皮子将馅心由外向内包捻起来，直至皮中间。		最好用细圆形馅挑，方便操作。
3	取出馅挑，用馅挑蘸少许水抹于左外边角处，双手配合将左右角向中间包抄交叉并黏合。		向外中间包抄，抹水的目的是让皮子更好地黏合。
4	依此完成，即成抄手生坯。		馅料的量要均匀，以每个 10 克左右为宜。

步骤 3　调碗底料

序号 Number	流程 Step	图解 Comment	安全 / 质量 Safety/Quality
1	将食盐、味精、猪油和棒骨原汤均匀分于 10 个小碗内。		龙抄手为无色咸鲜味。

步骤 4　煮制成熟

序号 Number	流程 Step	图解 Comment	安全 / 质量 Safety/Quality
1	大火将锅内的水烧沸，用手勺一边推动锅中水，一边下抄手，以防相互粘连。		推动时用力不要过大，以免抄手破皮。

序号 Number	流程 Step	图解 Comment	安全／质量 Safety/Quality
2	待水沸后加少许冷水"点水"。		这样可让抄手坯受热均匀。
3	煮至抄手浮出水面，皮皱即熟。		浮面、皮皱即熟，需要煮熟，但又不宜久煮，以免皮烂。
4	捞出沥水装于碗内即可。		尽快食用，久放影响品质。

2）实操演练

小组合作完成龙抄手制作任务。学生参照操作步骤与质量标准，进行小组技能实操训练，共同完成教师布置的任务，在制作中尽可能符合质量要求。

（1）任务分配

①将学生分为6组，每组发一套馅心和制作工具。学生把夹心猪肉糜加入调味料拌成馅心。馅心口味应该咸鲜味美，有香味。

②每组发一套皮料。学生自己完成上馅、包捻成形等步骤，包捻成龙抄手，大小一致。

③提供炉灶、锅子、手勺、漏勺给学生。学生自己点燃煤气，调节火候，煮熟抄手，品尝成品。龙抄手口味及形状符合要求，口感鲜嫩。

（2）操作条件

工作场地需要一间40平方米的实训室，设备需要炉灶6个、小白碗40个、辅助工具6套、工作服40件、原材料等。

（3）操作标准

龙抄手要求形态饱满、大小均匀；吃口皮薄馅嫩、滑爽香鲜。

（4）安全须知

抄手要煮熟才能食用，成熟时小心火候及被锅中的水蒸气烫伤手。

3）技能测评

被评价者：＿＿＿＿＿＿＿＿＿＿＿

训练项目	训练重点	评价标准	小组评价	教师评价
龙抄手制作	调制馅心	调制时按步骤操作，制好的馅心不吐水，呈咸鲜味，有香味。	Yes □ /No □	Yes □ /No □
	包馅成形	上馅均匀，居于正中，包好的抄手能坐稳。	Yes □ /No □	Yes □ /No □
	调碗底料	汤量适宜，无色咸鲜味。	Yes □ /No □	Yes □ /No □
	煮制成熟	馅嫩而不露，皮滑爽而不烂，口味香鲜。	Yes □ /No □	Yes □ /No □

评价者：＿＿＿＿＿＿＿＿＿＿

日　期：＿＿＿＿＿＿＿＿＿＿

[总结归纳]

总结教学重点，提炼操作要领

　　小组合作完成任务。学生通过龙抄手的制作，掌握水打鲜猪肉馅心的调制方法和抄手包捻手法，以后可以制作不同馅料的抄手。学生在完成任务的过程中，学会共同合作，自己动手制作，通过作品的呈现实现自我价值，把作品转化为产品，为企业争创经济效益。

教学重点

　　水打鲜猪肉馅心的调制，抄手的包捻手法。

操作要领

　　1. 制作水打鲜猪肉馅心的肉剁得越细越好，分次加水，忌加水过急，搅打顺一个方向进行。

　　2. 包制时，皮、馅比例搭配得当，均匀，交叉处捏紧。

　　3. 煮抄手时注意汤宽水沸，且注意期间点水，有馅心的地方起皱即熟。

[拓展提升]

思维的拓展，技能的提升

一、思考回答

1. 用机制抄手皮的方法还可以制作哪些面点皮料？

2. 龙抄手的馅心是否还可以用其他原料制作？

3. 做抄手的皮料能用其他皮料代替吗，或者能在面粉中掺入其他辅助原料吗？

4. 抄手还可以调制成哪些味型？

二、回家作业

1. 回家制作龙抄手给家人品尝。
2. 创意调制一款不同于龙抄手味型的抄手。

4.2.2 叶儿粑制作

[任务描述]

叶儿粑是四川非常著名的传统小吃之一，因其外表被柑叶、粽叶、芭蕉叶、玉米叶等包裹，故名叶儿粑。其成品融合了叶子的清香，口味独特。其中怀远叶儿粑较为有名，是指四川崇州怀远镇的叶儿粑，其与冻糕、豆腐帘子一起被称为"怀远三绝"；又因水质等因素，怀远镇的叶儿粑较其他地方更有特色。

[学习目标]

1. 会调制米粉面团。
2. 会制作叶儿粑。
3. 掌握米粉面团制品的熟制特点。

[任务实施]

边看边想 —— 边做边学 —— 总结归纳 —— 拓展提升

[边看边想]

相关知识介绍

你知道吗？制作叶儿粑需要用的设备、用具、原料和调味料。

设　备：操作台、炉灶、锅、手勺、蒸笼等。
用　具：电子秤、馅挑等。
原　料：汤圆粉、澄粉、猪绞肉、宜宾芽菜等。
原　料：味精、酱油、花椒面、食用油、料酒、水等。

[知识链接]

1. 叶儿粑用什么面团制作？

叶儿粑用米粉面团制作。

2. 米粉面团采用怎样的调制工艺流程？

糯米粉置盆 ——→ 冷水调制成团 ——→ 加熟澄粉揉匀成团

3. 叶儿粑采用哪种成熟方法？

蒸制法。

[成品要求]

1. 色洁似乳。

2. 咸香滋润，油而不腻。

[边做边学]

操作步骤

1）操作指南

👨‍🍳 **步骤 1　调制面团**

序号 Number	流程 Step	图解 Comment	安全 / 质量 Safety/Quality
1	汤圆粉加冷水和成软硬适中的面团。		注意面团的软硬度，以能捏成团为宜。
2	往汤圆粉面团中加入熟澄粉，揉匀。		充分揉匀。

序号 Number	流程 Step	图解 Comment	安全 / 质量 Safety/Quality
1	将猪绞肉放入热油锅内，炒至泛白。		猪绞肉不宜过细。
2	调入料酒、酱油等调料炒至微吐油。		酱油主要用于调色、增香。
3	下宜宾芽菜炒香，加味精炒匀。		注意宜宾芽菜的咸味对馅料的影响。
4	炒好的馅料。		体现肉酥香、芽菜香味浓郁的特点。

步骤 3　包馅成形

序号 Number	流程 Step	图解 Comment	安全 / 质量 Safety/Quality
1	面团搓条下剂。		搓条下剂的目的是保证成品大小均匀。
2	捏皮。		捏出的皮成窝状。
3	上馅并封好口。		属于无缝包法。
4	稍稍搓成长椭圆形。		不宜搓得过长。

续表

序号 Number	流程 Step	图解 Comment	安全／质量 Safety/Quality
5	放到刷油的芭蕉叶上。		芭蕉叶用剪刀剪成大小均匀的片，余水，合上叶子即成生坯。

👨‍🍳 **步骤4　蒸制成熟**

序号 Number	流程 Step	图解 Comment	安全／质量 Safety/Quality
1	将做好的叶儿粑生坯放入蒸笼内，旺火蒸约8分钟。		生坯紧挨着摆放。
2	拣出装盘。		蒸制时间不宜过久，米粉面团过于成熟易塌陷。

2）实操演练

小组合作完成叶儿粑制作任务。学生参照操作步骤与质量标准，进行小组技能实操训练，共同完成教师布置的任务，在制作中尽可能符合质量要求。

（1）任务分配

①将学生分为6组，每组发一套皮坯原料及制作的用具。学生把汤圆粉料经过加水、加熟澄粉等，揉成米粉面团。

②每组发一套馅心原料和制作工具。学生自己炒制馅料、包馅成形，包成长椭圆形的生坯，大小一致，并将生坯放到芭蕉叶内。

③提供炉灶、锅子、手勺、漏勺给学生。学生自己点燃煤气，调节火候，蒸熟叶儿粑，品尝成品。叶儿粑口味及形状符合要求，口味咸香滋润。

（2）操作条件

工作场地需要一间40平方米的实训室，设备需要炉灶6个、瓷盘6只、蒸笼、剪刀、辅助工具6套、工作服40件、原材料等。

（3）操作标准

叶儿粑要求色洁似乳，咸香滋润，油而不腻。

（4）安全须知

叶儿粑要蒸熟才能食用，成熟时小心被锅中的水和蒸笼上的水蒸气烫伤手。

3）技能测评

被评价者：_____

训练项目	训练重点	评价标准	小组评价	教师评价
叶儿粑制作	调制面团	调制时按步骤操作，掌握面团的软硬度。	Yes □ /No □	Yes □ /No □
	炒制馅料	符合规范操作，充分考虑芽菜对馅料咸味的影响。	Yes □ /No □	Yes □ /No □
	包馅成形	手法正确，按要求搓条下剂、捏皮，馅料不外露，无缝封口，大小均匀。	Yes □ /No □	Yes □ /No □
	蒸制成熟	成熟方法正确，全熟，成品挺立不塌陷。	Yes □ /No □	Yes □ /No □

评价者：_____

日　期：_____

[总结归纳]

总结教学重点，提炼操作要领

小组合作完成任务。学生通过叶儿粑的制作方法，掌握米粉面团的调制方法，能正确把握米粉面团的软硬度。学生在完成任务的过程中，学会共同合作，自己动手制作，通过作品的呈现实现自我价值，把作品转化为产品，为企业争创经济效益。

教学重点

米粉面团的调制，叶儿粑的包法特点和熟制时间的把握。

操作要领

1.面团软硬适中，过硬则难以成形，过软则易塌陷。
2.馅料冷却后（稍冻更好）再用，方便操作。
3.蒸制时间过长，成品易塌陷。

[拓展提升]

思维的拓展，技能的提升

一、思考回答

1.米粉面团还可以制作哪些面点品种？
2.米粉面团的其他调制方法有哪些？
3.叶儿粑在包馅成形过程中需要注意哪些问题？

二、回家作业

1. 每人回家制作一次叶儿粑给家长品尝。
2. 用制作叶儿粑的面团创意制作一面点品种。

4.2.3 担担面制作

[任务描述]

担担面是著名的成都小吃，也是四川民间极为普遍且颇具特殊风味的一种小吃，因常由小贩挑担叫卖而得名。相传，担担面是1841年由绰号为"陈包包"的人始创于自贡市，已有100多年的历史了，也属他所售卖的最为著名。担担面以四川特产叙府芽菜为主要配料，全国各地在调味和制法上有一些差异，大体分为用肉臊和不用肉臊两种。目前，重庆、成都、自贡等地的担担面多数已经改为店铺经营，但是依旧保持原有特色，其中以成都的担担面特色最浓。

[学习目标]

1. 会炒制猪肉脆臊。
2. 会煮制面条。
3. 能调制担担面碗底料。
4. 掌握煮制面条基本操作技能。

[任务实施]

边看边想 → 边做边学 → 总结归纳 → 拓展提升

[边看边想]

相关知识介绍

你知道吗？制作担担面需要用的设备、用具、原料和调味料。

设　备：炉灶、锅子、手勺、漏勺等。
用　具：小碗、筷子等。
原　料：面条、猪夹心肉粒、小葱、老姜、碎米芽菜等。
原　料：食盐、味精、酱油、香醋、红油、料酒等。

[知识链接]

1. 担担面用什么面条制作？

担担面选用韭菜叶子面或牙签面制作。

2. 哪种面条制作担担面最好？

韭菜叶子面和牙签面各有优劣，韭菜叶子面易熟、黏味，但是容易后熟过软而黏结在一起；牙签面则反之。

3. 担担面采用哪种成熟方法？

煮制法。

[成品要求]

1. 面臊酥香。
2. 面条滑爽。
3. 咸鲜微辣。
4. 芽菜香味浓郁。

[边做边学]

操作步骤

1）操作指南

👨‍🍳 步骤1　炒制面臊

序号 Number	流程 Step	图解 Comment	安全/质量 Safety/Quality
1	猪夹心肉粒用中火热油炒散籽。		炙好锅，否则易粘锅。
2	加料酒微炒。		料酒仅仅是为了去味、增香，注意用量。
3	加甜面酱、食盐和酱油，炒至肉末吐油且香酥即可。		注意有色调味品各自的添加量，面臊需酥香。

步骤2　调碗底料

序号 Number	流程 Step	图解 Comment	安全 / 质量 Safety/Quality
1	备好碗底用料。		芽菜需用碎米芽菜，或切碎处理，小葱切葱花。
2	将酱油、芽菜、香醋、味精、食盐、葱花分于 10 个小碗内。		芽菜、酱油均属于咸味调味料，要特别注意食盐的使用量。
3	加入红油。		油和辣椒都要。
4	加入少量鲜汤调散即好。		鲜汤不宜过多，担担面为无汤面。

步骤3　煮面装碗

序号 Number	流程 Step	图解 Comment	安全 / 质量 Safety/Quality
1	汤宽水沸下面条，随即用筷子迅速搅散，以免粘连。		汤宽、水沸、火旺，易保证面汤不易煳，且煮好的面条滑爽。
2	待煮沸后点水，直至面条九分熟或刚熟。		面条不宜煮得过于软熟。
3	面条沥水后，稍捯一下，分装于已经调好味的 10 个小碗内，最后将面臊放于碗中面条上即可。		多作为宴席席点，注意装碗的美观（不能贪多）。

2）实操演练

小组合作完成担担面制作任务。学生参照操作步骤与质量标准，进行小组技能实操训

练，共同完成教师布置的任务，在制作中尽可能符合质量要求。

（1）任务分配

①将学生分为6组，每组发一套面臊原料及制作的用具。学生把肉粒炒制成面臊。面臊应该炒干水分，咸鲜酱香，呈深茶色，酥香。

②每组发一份碗底料。学生自己调制碗底料。

③提供炉灶、锅子、手勺、漏勺、筷子给学生。学生自己点燃煤气，调节火候，煮熟面条，装碗后品尝成品。担担面装碗和口味应符合要求，咸鲜微辣，芽菜香味浓郁。

（2）操作条件

工作场地需要一间40平方米的实训室，设备需要炉灶6个，小碗40只，筷子、辅助工具等8套，工作服40件，原材料等。

（3）操作标准

担担面要求面臊酥香，面条滑爽，咸鲜微辣，芽菜香味浓郁。

（4）安全须知

面臊和面条要成熟才能食用，煮制时小心被锅中的高温油或水蒸气烫伤手。

3）技能测评

被评价者：_____

训练项目	训练重点	评价标准	小组评价	教师评价
担担面制作	炒制馅心	炒制时按步骤操作，掌握调味品的加入量。	Yes □ /No □	Yes □ /No □
	调碗底料	注意咸味调味品的使用，鲜汤的量不宜过多。	Yes □ /No □	Yes □ /No □
	煮面装碗	手法和顺序正确，装碗量适宜。	Yes □ /No □	Yes □ /No □

评价者：_____

日　期：_____

[总结归纳]

总结教学重点，提炼操作要领

小组合作完成任务。学生通过担担面的制作，掌握脆臊的炒制方法以及面条的煮制方法，以后可以制作不同口味的面条。学生在完成任务的过程中，学会共同合作，自己动手制作，通过作品的呈现实现自我价值，把作品转化为产品，为企业争创经济效益。

教学重点

脆臊的炒制，担担面碗底料的调制，面条的煮制方法。

操作要领

1. 猪绞肉不宜太细，以颗粒状为宜。

2. 面臊必须炒干水分，才能达到酥香的效果。

3. 调碗底味时，醋的使用量以吃不出明显醋感为准。因芽菜和酱油均属于咸味调料，故应注意食盐的用量。

[拓展提升]

思维的拓展，技能的提升

一、思考回答

1. 用此制作脆臊的方法还可以制作哪些面臊？

2. 脆臊还可以用来制作哪些面条？

3. 如何把握面条的熟制程度？

4. 哪些面条的制法与担担面有相似之处？

二、回家作业

1. 回家制作担担面给家长品尝。

2. 创意制作一款不同于担担面，但是近似担担面的面条品种。

4.2.4 蛋烘糕制作

[任务描述]

据说，传统蛋烘糕是成都文庙街石室书院（现成都石室中学）旁一位姓师的老汉从小孩办"姑姑筵"中得到启发，遂用鸡蛋、发酵过的面粉加适量红糖调匀，在平锅上烘煎而成的。成品吃起来酥嫩爽口，口感特别好。

此小吃至今已有百余年的历史，旧时常以走街串巷、现烘现卖、挑担销售为主，现在仍有很多小贩挑担销售，但在很多名小吃店均有制作，并以套餐的形式销售。

[学习目标]

1. 会调制发酵面浆面团。

2. 会制作口味不同的各种咸、甜馅心。

3. 能用烘制法制作特殊皮料。

4. 掌握面点基本操作技能。

[任务实施]

边看边想　　边做边学　　总结归纳　　拓展提升

[边看边想]

相关知识介绍

你知道吗？制作蛋烘糕需要用的设备、用具、原料和调味料。

设 备：操作台、平炉灶、小铜锅、手勺等。

用 具：夹子、馅挑、小勺、碗、盘等。

原 料：面粉、榨菜、肉丝、酥花生、奶油、果酱、鸡蛋等。

调味料：食盐、白糖、红糖、味精、胡椒粉、料酒、酱油、食用油、酵母等。

[知识链接]

1. 蛋烘糕用什么面团制作？

蛋烘糕用发酵面浆制作。

2. 发酵面浆采用怎样的调制工艺流程？

面粉掺水、加辅料 —— 调和均匀 —— 饧发

3. 蛋烘糕采用哪种成熟方法？

烘制法。

[成品要求]

1. 颜色金黄。

2. 绵软滋润。

3. 营养丰富，老少皆宜。

[边做边学]

操作步骤

调制面浆 → 制作馅料 → 烘制皮料 → 夹馅烘熟

1）操作指南

🧑‍🍳 步骤1　调制面浆

序号 Number	流程 Step	图解 Comment	安全／质量 Safety/Quality
1	面粉过筛后纳盆，加入红糖粉。		面粉过筛以使粉粒松散。
2	加白糖、酵母、鸡蛋。		红糖、白糖最好为粉状，以便快速融化。
3	再加入适量温水，调成光洁的面浆。		水要分次加入，以便调节面浆的浓稠度。
4	盖上湿毛巾饧发。		饧发至面浆表面有蜂窝眼。

🧑‍🍳 步骤2　制作馅料

序号 Number	流程 Step	图解 Comment	安全／质量 Safety/Quality
1	将码好味的肉丝放入油锅中滑散。		肉丝滑熟。
2	下榨菜稍炒，调入味精炒匀即成榨菜肉丝馅。		调成咸鲜味，调味适宜。
3	酥花生去皮后用擀面杖擀压成细碎的颗粒。		盐炒花生更酥香。
4	与白糖拌匀即成花生馅。		注意现代人对甜味的接受程度。

序号 Number	流程 Step	图解 Comment	安全／质量 Safety/Quality
5	奶油、果酱等馅可直接使用。		奶油馅易发泡，果酱馅易凝结，故每次量不能太大。

👨‍🍳 步骤3　烘制皮料

序号 Number	流程 Step	图解 Comment	安全／质量 Safety/Quality
1	将专用小铜锅置平炉火上，用纱布或纸巾抹少许油脂。		油脂不宜过多。
2	烧热后舀入饧好的面浆，稍微转动锅体，使其均匀地在锅内粘上一层面浆。		面浆量适宜，以免皮料偏薄或偏厚。
3	盖上锅盖，小火加热。		中小火加热较适宜。
4	等到锅中饼身全干（能明显就看到蜂窝眼）时，皮料即好。		必须全熟。

👨‍🍳 步骤4　夹馅烘熟

序号 Number	流程 Step	图解 Comment	安全／质量 Safety/Quality
1	按口味加入馅心。		在锅内停留时间不宜过久，个别甜味馅料容易融化。
2	借助夹子起动皮料边缘。		小心烫伤。

序号 Number	流程 Step	图解 Comment	安全／质量 Safety/Quality
3	对折。		对折即成半月形。
4	成品。		现做现吃，风味更好。

2）实操演练

小组合作完成蛋烘糕制作任务。学生参照操作步骤与质量标准，进行小组技能实操训练，共同完成教师布置的任务，在制作中尽可能符合质量要求。

（1）任务分配

①将学生分为6组，每组发一套面浆原料和制作工具。学生在面粉中加入鸡蛋等辅料调制成发酵面浆。面浆的稀稠度适中，颜色适宜，能发酵成功。

②每组发一套馅心原料和制作工具。学生自己调制咸、甜馅料（至少各1种）。

③提供平炉灶、小铜锅、勺子等给学生，学生自己点燃煤气，调节火候，烘制皮料，夹馅成形，品尝成品。蛋烘糕的口味及形状符合要求，颜色金黄。

（2）操作条件

工作场地需要一间40平方米的实训室，设备需要平炉灶眼6个，瓷盘6只，小铜锅、辅助工具6套，工作服40件，原材料等。

（3）操作标准

蛋烘糕要求颜色金黄，绵软滋润。

（4）安全须知

面浆要发酵成熟才具有良好的风味，皮料要烘熟才能食用，馅料制作中要注意全熟和卫生，注意烘制皮料过程中不要被烫伤。

3）技能测评

被评价者：_____

训练项目	训练重点	评价标准	小组评价	教师评价
蛋烘糕制作	调制面浆	拌制时按步骤操作，掌握辅料的添加量和水温的控制。	Yes □ /No □	Yes □ /No □
	制作馅料	制作时符合规范操作，荤馅必须制熟，素馅讲究卫生。	Yes □ /No □	Yes □ /No □

续表

训练项目	训练重点	评价标准	小组评价	教师评价
蛋烘糕制作	烘制皮料	手法正确，按要求操作，皮厚薄均匀适宜，全熟。	Yes □ /No □	Yes □ /No □
	夹馅烘熟	动作敏捷，趁热食用。	Yes □ /No □	Yes □ /No □

评价者：＿＿＿＿＿＿

日　期：＿＿＿＿＿＿

[总结归纳]

总结教学重点，提炼操作要领

　　小组合作完成任务。学生通过蛋烘糕的制作，掌握发酵面浆的调制方法以及蛋烘糕皮料的烘制方法，可以制作不同口味的馅料。学生在完成任务的过程中，学会共同合作，自己动手制作，通过作品的呈现实现自我价值，把作品转化为产品，为企业争创经济效益。

教学重点

　发酵面浆面团的调制，蛋烘糕皮料的烘制，不同馅料的制作方法。

操作要领

1.调制面浆，温水适宜。
2.蛋烘糕必须现做现吃，其口感、风味等才能得到保证。

[拓展提升]

思维的拓展，技能的提升

一、思考回答
1.发酵面浆的颜色由哪种原料调制？
2.蛋烘糕的馅料还可以用哪些原料制作？
3.制作好的蛋烘糕为什么不宜久放？
二、回家作业
1.回家用发酵面浆制作一次夹馅烙饼给家长品尝。
2.用发酵面浆自己创意制作一款面点小吃。

4.2.5　麻圆制作

[任务描述]

　　麻圆，即麻团，不同地方的叫法不同。它采用米粉团包馅、裹芝麻炸制而成。麻圆虽然只是一种极为普通的小吃，但是在制

作时对火候及炸制方法却要求较高。本书讲述豆沙麻圆的制作方法。

[学习目标]

1. 学会调制糯米粉团。
2. 学会采用无缝包法成形。
3. 学会滚粘技法。
4. 掌握面点中炸的操作技能。

[任务实施]

边看
边想 ——— 边做
边学 ——— 总结
归纳 ——— 拓展
提升

[边看边想]

相关知识介绍

你知道吗？制作豆沙麻圆需要用的设备、用具、原料和调
味料。

设　备：操作台、炉灶、炒锅、手勺、漏勺等。

用　具：电子秤、擀面杖、面刮板、小碗、喷壶等。

原　料：糯米粉500克，白糖125克，猪油40克，泡打粉2
克，澄粉100克，豆沙馅300克，白芝麻200克，
植物油500克，水等适量。

[知识链接]

1. 豆沙麻圆用什么面团制作？

豆沙麻圆用糯米粉团制作。

2. 糯米粉团采用怎样的调制工艺流程？

下糯米粉掺水 ——→ 拌和 ——→ 揉搓 ——→ 饧面

3. 豆沙麻圆采用哪种成熟方法？

炸制法。

[成品要求]

1. 色泽金黄。
2. 形态饱满，大小均匀。
3. 口感外酥脆、内软糯。

[边做边学]

操作步骤

1）操作指南

步骤1　准备馅心

序号 Number	流程 Step	图解 Comment	安全 / 质量 Safety/Quality
1	将豆沙馅搓条、切剂，每个剂子大约为 20 克。		搓剂时撒适量干粉，尽量搓圆。

步骤2　调制面团

序号 Number	流程 Step	图解 Comment	安全 / 质量 Safety/Quality
1	将烧开的部分糖水倒入澄粉中，烫熟备用。		水要烫，烫后要晾凉。
2	将烫熟的澄粉倒入糯米粉中，加入剩余糖水抄拌。		加入的水量要控制好。
3	左手压面团，右手用刮板翻面，加入猪油把面团揉光洁。		左右手要协调配合，揉光面团。
4	用湿毛巾盖好面团，饧约 10 分钟。		掌握好饧面时间。

步骤3 搓条下剂

序号 Number	流程 Step	图解 Comment	安全 / 质量 Safety/Quality
1	两手把面团从中间往两头搓拉成长条形。		两手用力要均匀，搓条时不要撒干粉，以免条搓不长。
2	用面刀切出大小均匀的剂子，每个剂子大约为30克。		下刀要快，切一个剂子转90°再切下一个，要求把握剂子的分量，每个剂子要求大小相同。

步骤4 压剂制皮

序号 Number	流程 Step	图解 Comment	安全 / 质量 Safety/Quality
1	把右手放在剂子上方，两手掌配合压。		手掌朝下，不是用手指压剂子。皮坯中间厚、边缘薄。

步骤5 包馅成形

序号 Number	流程 Step	图解 Comment	安全 / 质量 Safety/Quality
1	两手再将剂子压扁一点，放入豆沙馅，左右手配合，将豆沙馅均匀地包在中间。		馅心摆放要居中，不要太用力，保证豆沙馅在中间，否则制品油炸时容易爆裂。
2	在麻圆生坯上喷一点水，滚粘上一层白芝麻。		面团不能太干，粘上芝麻后再用力压一下，以免芝麻脱落。

👨‍🍳 **步骤6 炸制成熟**

序号 Number	流程 Step	图解 Comment	安全/质量 Safety/Quality
1	麻圆放到漏勺内，低温炸至麻圆上浮。		刚开始油温不可过高，否则麻圆不易胀大。
2	待麻圆上浮后升油温炸上色，放入纸托，装盘。		一边炸一边用炒勺搅动，让制品受热均匀。

2）实操演练

小组合作完成豆沙麻圆制作任务。学生参照操作步骤与质量标准，进行小组技能实操训练，共同完成教师布置的任务，在制作中尽可能符合质量要求。

（1）任务分配

①将学生分为4组，每组发一套馅心和制作工具。学生将豆沙馅分成大小均匀的球状。

②每组发一套皮坯原料和制作工具。学生自己调制面团，经过搓条下剂、压剂制皮、包馅成形等几个步骤，包裹成形，大小一致。

③提供炉灶、炒锅、手勺、漏勺给学生。学生自己点燃煤气，调节火候，炸制麻圆，品尝成品。麻圆口味及形状符合要求，口感外酥脆、内软糯。

（2）操作条件

工作场地需要一间30平方米的实训室，设备需要炉灶4个，瓷盘8只，擀面杖、辅助工具8套，工作服15件，原材料等。

（3）操作标准

麻圆要求外形饱满，色泽金黄，大小均匀，口感外酥脆、内软糯。

（4）安全须知

麻圆要炸熟才能食用，成熟时小心被锅中的高温油烫伤手。

3）技能测评

被评价者：_____

训练项目	训练重点	评价标准	小组评价	教师评价
豆沙麻圆制作	制作馅心	馅心大小均匀，尽量光圆	Yes □ /No □	Yes □ /No □
	调制面团	调制面团时，符合规范操作，面团软硬恰当。	Yes □ /No □	Yes □ /No □

训练项目	训练重点	评价标准	小组评价	教师评价
豆沙麻圆制作	搓条下剂	手法正确，按要求把握剂子的分量，每个剂子大小相同。	Yes □ /No □	Yes □ /No □
	压剂制皮	压剂、制皮方法正确，皮大小均匀，中间厚、边缘薄。	Yes □ /No □	Yes □ /No □
	包馅成形	馅心摆放居中，包捏手法正确，外形美观。	Yes □ /No □	Yes □ /No □
	炸制成熟	成熟方法正确，成品外形饱满。	Yes □ /No □	Yes □ /No □

评价者：＿＿＿＿＿＿＿＿

日　期：＿＿＿＿＿＿＿＿

[总结归纳]

总结教学重点，提炼操作要领

小组合作完成任务。学生通过豆沙麻圆的制作，掌握糯米粉团的调制方法以及无缝包捏手法。学生在完成任务的过程中，学会共同合作，自己动手制作，通过作品的呈现实现自我价值，把作品转化为产品，为企业争创经济效益。

教学重点

糯米粉团的调制，无缝包捏手法及油温控制。

操作要领

1. 水量要控制，面团不要太硬。
2. 馅心要居中，皮坯厚度一致。
3. 包捏手法要正确，外形要饱满。

[拓展提升]

思维的拓展，技能的提升

一、思考回答

1. 糯米粉团还可以制作哪些面点品种？
2. 豆沙麻圆的馅心是否还可以用其他馅制作？
3. 豆沙麻圆的皮坯能否掺入其他原料一起调成面团制皮？

二、回家作业

1. 回家制作10个豆沙麻圆给家长品尝。
2. 创意制作一款不同馅心的麻圆。

🧁 4.2.6 赖汤圆制作

[任务描述]

赖汤圆是成都著名小吃，属于川式点心。赖汤圆迄今已有100多年历史。老板赖源鑫从1894年起就在成都沿街煮卖汤圆，他制作的汤圆煮时不烂皮、不露馅、不浑汤，吃时不粘筷、不粘牙、不腻口，滋润香甜，爽滑软糯，成为成都久负盛名的小吃。现在的赖汤圆，保持了老字号名优小吃的质量，其色滑洁白，皮粑绵糯，甜香油重，营养丰富。

[学习目标]

1. 会制作黑芝麻馅。
2. 会调制面团、搓条下剂。
3. 能包搋汤圆成品。
4. 掌握面点基本操作技能。
5. 了解糯米粉的一些性质。

[任务实施]

边看边想 ⟶ 边做边学 ⟶ 总结归纳 ⟶ 拓展提升

[边看边想]

相关知识介绍

你知道吗？制作赖汤圆需要用的设备、用具、原料和调味料。

设　备：操作台、炉灶、锅子、手勺、漏勺等。

用　具：电子秤、擀面杖、面刮板等。

原　料：糯米粉300克、低精粉50克、糖粉100克、黑芝麻50克、猪油50克，纯净水等适量。

调味料：白糖等适量。

[知识链接]

1. 赖汤圆用什么面团制作？

赖汤圆一般用糯米面团制作。

2. 糯米面团采用怎样的调制工艺流程？

下糯米粉掺水 ——→ 拌和 ——→ 揉搓 ——→ 饧面

3. 赖汤圆采用哪种成熟方法？

煮制法。

[成品要求]

1. 色泽洁白。
2. 形态饱满，大小均匀。
3. 质感细腻，口感绵软。

[边做边学]

操作步骤

1）操作指南

步骤1 拌制馅心

序号 Number	流程 Step	图解 Comment	安全 / 质量 Safety/Quality
1	将黑芝麻放入锅内炒香。		注意火候的控制，不可将芝麻炒煳。
2	芝麻炒好之后稍凉，用擀面杖碾碎。		注意力度要适中。
3	将猪油、面粉、糖粉和碾碎的黑芝麻混合擦匀。		馅心混合均匀。

序号 Number	流程 Step	图解 Comment	安全 / 质量 Safety/Quality
4	将做好的黑芝麻馅料用刮板整成矩形，切成 1.2 厘米见方的小块。		整形之后的黑芝麻馅料厚薄要一致。

🍳 步骤 2　调制面团

序号 Number	流程 Step	图解 Comment	安全 / 质量 Safety/Quality
1	将糯米粉放入盆中，加入纯净水和匀。		注意水和粉的比例要合适。
2	用手捣制面团，直至面团光滑细腻。		面团光洁。
3	将做好的糯米面团搭上湿毛巾饧面。		饧面 10 分钟。

🍳 步骤 3　搓条下剂

序号 Number	流程 Step	图解 Comment	安全 / 质量 Safety/Quality
1	将糯米面团搓条。		两手用力要均匀，搓条时不用扑粉，力度要轻柔。
2	搓好条后用面刀切成大小均匀的剂子。		大小要均匀。

步骤4 包馅成形

序号 Number	流程 Step	图解 Comment	安全 / 质量 Safety/Quality
1	取切好的剂子包入黑芝麻馅料，将口收好。		馅心摆放要居中。
2	搓圆汤圆。		动作要轻。

步骤5 煮制成熟

序号 Number	流程 Step	图解 Comment	安全 / 质量 Safety/Quality
1	锅内放水，烧开后下入汤圆。		用勺子沿锅边轻推，以免粘锅。
2	待水再开后加入冷水，保持水沸而不腾。		火力不可过大。

2）实操演练

小组合作完成赖汤圆制作任务。学生参照操作步骤与质量标准，进行小组技能实操训练，共同完成教师布置的任务，在制作中尽可能符合质量要求。

（1）任务分配

①将学生分为4组，每组发一套馅心及制作的用具。学生自己制作馅料。馅心口味应该口感香甜，芝麻香味浓。

②每组发一套皮坯原料和制作工具。学生自己调制面团，经过搓条下剂、包馅成形等几个步骤，包捏赖汤圆，大小一致。

③提供炉灶、锅、蒸笼给学生。学生自己点燃煤气，调节火候，煮制汤圆，品尝成品。

汤圆不开裂，形状符合要求，口感细腻香甜。

（2）操作条件

工作场地需要一间30平方米的实训室，设备需要炉灶、擀面杖、辅助工具、工作服、原材料等。

（3）操作标准

赖汤圆要求成形圆整，表面光滑有光泽，口感绵软，味道香甜，有浓郁的芝麻香味。

（4）安全须知

赖汤圆要蒸熟才能食用，成熟时小心被水蒸气烫伤手。

3）技能测评

被评价者：_____

训练项目	训练重点	评价标准	小组评价	教师评价
赖汤圆制作	拌制馅心	拌制时按步骤操作，掌握各种原材料的加入量。	Yes □ /No □	Yes □ /No □
	调制面团	调制面团时，符合规范操作，面团软硬恰当。	Yes □ /No □	Yes □ /No □
	搓条下剂	手法正确，按照要求把握剂子的分量，每个剂子大小相同。	Yes □ /No □	Yes □ /No □
	包馅成形	馅心摆放居中，包捏手法正确，外形美观。	Yes □ /No □	Yes □ /No □
	煮制成熟	成熟方法正确，皮子不破损，馅心符合口味标准。	Yes □ /No □	Yes □ /No □

评价者：_____

日　期：_____

[总结归纳]

总结教学重点，提炼操作要领

小组合作完成任务。学生通过赖汤圆的制作，掌握糯米面团的调制方法和汤圆的包捏手法。学生在完成任务的过程中，学会共同合作，自己动手制作，通过作品的呈现实现自我价值，把作品转化为产品，为企业争创经济效益。

教学重点

黑芝麻馅的调制，"擦"的手法练习。

操作要领

1. 水量要控制，面团揉光洁。
2. 馅心要居中，馅心量要足。
3. 包捏手法要正确，成品圆整。

[拓展提升]

思维的拓展，技能的提升

一、思考回答
1. 糯米面团还可以制作哪些面点品种？
2. 黑芝麻馅做好后还可以用来做哪些面点品种？

二、回家作业
1. 回家制作20个汤圆给家长品尝。
2. 利用糯米面团制作其他面点作品。

4.2.7　云腿月饼制作

[任务描述]

云腿月饼具有悠久的历史，为云南传统面点。其用宣威火腿，配以蜂蜜、猪油、白糖等制成馅心，酥皮包之，外观褐黄且略硬，酥而不散，俗称"云南硬壳火腿饼"。食之酥松香软，甜中带咸，油而不腻，有浓郁的火腿香味，是中秋佳节的必备食品，也是馈赠亲友的佳品。

[学习目标]

1. 了解云腿月饼的概况。
2. 掌握云腿混酥面团的特殊调制方法。
3. 学会云腿月饼的制作方法。

[任务实施]

边看边想　边做边学　总结归纳　拓展提升

[边看边想]

相关知识介绍

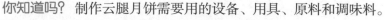

你知道吗？ 制作云腿月饼需要用的设备、用具、原料和调味料。

设　备：操作台、烤箱、烤盘、水锅、蒸笼等。

用　具：电子秤、面刮板、料缸、切刀、砧板等。

原　料：面粉500克，熟面粉70克，猪油270克，臭粉5克，熟火腿丁200克，冷水等适量。

调味料：白糖190克，蜂蜜35克。

[知识链接]

1. 云腿月饼用什么面团制作？

云腿月饼用混酥面团制作。

2. 混酥面团采用怎样的调制工艺流程？

猪油、蜂蜜、臭粉
↓
面粉、水 ——→ 打浆 ——→ 擦制 ——→ 成团

3. 云腿月饼采用哪种成熟方法？

烘烤法。

[成品要求]

1. 色泽棕黄或褐黄。

2. 形态饱满。

3. 质地酥脆，咸甜适口。

4. 香浓味醇。

[边做边学]

操作步骤

调制面团 → 拌制馅心 → 搓条下剂 → 包馅成形 → 成熟装盘

1）操作指南

🧑‍🍳 步骤1 调制面团

序号 Number	流程 Step	图解 Comment	安全 / 质量 Safety/Quality
1	将面粉开塘，倒入100克冷水。		面粉开塘稍大一些。
2	在冷水中加入少许面粉打浆。		加入的面粉约为1/5，面浆要搅打上劲。
3	塘中放入250克猪油，40克白糖，20克蜂蜜，5克臭粉。		猪油凝结的情况、蜂蜜的含水量等都会影响面团的质量。
4	将面浆、猪油、白糖、蜂蜜乳化均匀。		交替使用拌制及擦制手法乳化面浆。
5	将乳化好的面浆与剩余的面粉和匀，再用湿布或保鲜膜盖好面团，饧5～10分钟。		左右手要协调配合擦匀，掌握好饧面的时间。

🧑‍🍳 步骤2 拌制馅心

序号 Number	流程 Step	图解 Comment	安全 / 质量 Safety/Quality
1	将熟火腿丁、150克白糖、20克猪油、15克蜂蜜拌匀。		猪油的量根据火腿的肥瘦情况增减。
2	倒入熟面粉拌匀。		熟面粉分次加入。调制的馅心不可太硬，也不可太软，手抓成团，轻按散开。

序号 Number	流程 Step	图解 Comment	安全／质量 Safety/Quality
3	右手抓起适量拌好的馅料捏成球状。		抓捏时要用力得当，不可捏太松，也不可捏太紧。

🍳 步骤 3　搓条下剂

序号 Number	流程 Step	图解 Comment	安全／质量 Safety/Quality
1	两手把面团从中间往两头搓拉成长条形。		两手用力要均匀，搓条时撒适量面粉，防止剂条粘案板。
2	左手握住剂条，右手用力摘下剂子。		左手用力不能过大，左右手配合要协调。
3	将摘好的剂子放案板上或用手心按扁。		按好的皮子中间厚、边缘薄。

🍳 步骤 4　包馅成形

序号 Number	流程 Step	图解 Comment	安全／质量 Safety/Quality
1	把馅心放在剂皮中间，左手按住馅心，右手收口。		剂子要居中，用右手轻轻收口。
2	左手旋转，右手捏皮逐渐将剂子收口，收口面向下放置。		左右手相互配合，做出的半成品生坯要接近球形。

步骤5 成熟装盘

序号 Number	流程 Step	图解 Comment	安全/质量 Safety/Quality
1	将做好的半成品生坯放在烤盘中。调整烤箱上、下火的温度，用上火230 ℃、下火180 ℃的炉温烘烤至色泽棕黄或褐黄成熟。		生坯之间要留有一定的距离，放置整齐。
2	将成熟的云腿月饼放入合适的盛器中。		注意盛器、色彩、大小的协调性。

2）实操演练

小组合作完成云腿月饼的制作。学生参照操作步骤与质量标准，进行小组技能实操训练，共同完成教师布置的任务，在制作中尽可能符合质量要求。

（1）任务分配

①将学生分为4组，每组发一套馅心原料和制作工具。学生根据要求调制咸甜适中的馅心。

②每组发一套皮坯原料和制作工具。学生自己调制面团，经过搓条下剂、包馅成形等几个步骤，包捏成表面光滑、大小一致的球形生坯。

③提供烤箱、烤盘给学生。学生调节底面火温度，烘烤成熟，品尝成品。云腿月饼色泽、质地、口味及形状要符合要求。

（2）操作条件

工作场地需要一间30平方米的实训室，设备需要烤箱1台、烤盘8只、辅助工具4套、工作服多件、原材料等。

（3）操作标准

要求色泽棕黄或褐黄，质地酥脆，咸甜适中。

（4）安全须知

烤箱门有弹性，要轻开轻关，防止夹手；成品出箱时烤盘温度高，应戴上手套避免烫伤。

3）技能测评

被评价者：_____

训练项目	训练重点	评价标准	小组评价	教师评价
云腿月饼制作	调制面团	调制面团时，符合规范操作，面团软硬恰当。	Yes □ /No □	Yes □ /No □
	拌制馅心	拌制时，按步骤操作，注意馅心的软硬度。	Yes □ /No □	Yes □ /No □

训练项目	训练重点	评价标准	小组评价	教师评价
云腿月饼制作	搓条下剂	手法正确，按照要求把握剂子的分量，每个剂子大小相同。皮子中间厚、边缘薄。	Yes □ /No □	Yes □ /No □
	包馅成形	馅心摆放居中，包捏手法正确，生坯外形美观。	Yes □ /No □	Yes □ /No □
	成熟装盘	成熟方法正确，皮质酥脆，不破损，馅心口味符合标准。	Yes □ /No □	Yes □ /No □

评价者：＿＿＿＿＿＿＿＿

日　期：＿＿＿＿＿＿＿＿

[总结归纳]

总结教学重点，提炼操作要领

小组合作完成任务。学生通过云腿月饼的制作，掌握混酥面团的调制方法和包捏成形手法，为以后制作不同馅心的云南硬壳类月饼打下基础。学生在完成任务的过程中，学会共同配合，自己动手制作，通过作品的呈现实现自我价值，把作品转化为产品，为企业争创经济效益。

教学重点

混酥面团的调制，馅心的制作，包捏手法。

操作要领

1.混酥面团调制时以酥性为主，带有一定的筋性，调制时一定要先打浆，猪油、蜂蜜的质量会影响面团的质量。

2.馅心要有一定的硬度，手抓可捏球，按压会散开。

3.包捏时左右手相互配合，馅心居中，不可破馅。

[拓展提升]

思维的拓展，技能的提升

一、思考回答

1.混酥面团还可以制作哪些面点品种？

2.云腿馅是否可以用其他馅心制作？

二、回家作业

1.写一份实习报告。

2.设计一款不同馅心的硬壳月饼。

3.创意制作一款不同馅心的硬壳月饼。

🧁 4.2.8 玫瑰鲜花饼制作

[任务描述]

云南处于低纬度、高海拔地区，山川湖泊纵横，优质充沛的日照，四季如春的气候，得天独厚的地理位置，成就了云南"动植物王国"的美誉。云南四季鲜花盛开，除了赏花，云南人也擅长以花为菜，制作美味的鲜花菜点。玫瑰鲜花饼便是一款以鲜花入味的美食，是云南味滇式月饼的代表。由于鲜花饼具有花香沁心、甜而不腻、养颜美容的特点，因此广为流传。

[学习目标]

1. 学会开酥制作技能，了解开酥的常见方法。
2. 掌握油酥面团、水油面团的调制及开酥方法。
3. 学会玫瑰鲜花饼的制作。

[任务实施]

边看边想 ——— 边做边学 ——— 总结归纳 ——— 拓展提升

[边看边想]

相关知识介绍

你知道吗？制作玫瑰鲜花饼所需要用的设备、用具、原料和调味料。

设　备：操作台、烤箱、烤盘等。

用　具：电子秤、料缸、面刮、面杖、馅挑（筷子）等。

原　料：面粉360克，熟面粉140克，猪油360克，玫瑰酱70克，冷水等适量。

调味料：白糖100克，蜂蜜20克。

 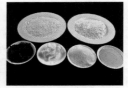

[知识链接]

1. 玫瑰鲜花饼用哪种面团制作？

玫瑰鲜花饼用油酥面团和水油面团制作。

2. 玫瑰鲜花饼采用怎样的调制工艺流程？

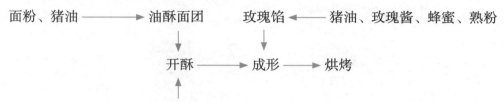

3. 玫瑰鲜花饼采用哪种成熟方法？

烘烤法。

[成品要求]

1. 色泽洁白，形态饱满，层次分明。
2. 酥脆香甜，花香浓郁。

[边做边学]

操作步骤

1）操作指南

🧑‍🍳 步骤1 调制面团

序号 Number	流程 Step	图解 Comment	安全／质量 Safety/Quality
1	200克面粉和100克猪油倒在案板上，左右手配合和面。		左手用面刮板抄拌，右手配合擦面。
2	用擦制的手法将面粉和油擦成油酥面团。		油面团的软硬度和水油面团的软硬度要一致。

序号 Number	流程 Step	图解 Comment	安全／质量 Safety/Quality
3	200 克面粉围成窝状，将 70 克冷水、90 克猪油倒入面粉中间，用右手调拌面粉。		水可分次加入，便于调节面团的软硬度。
4	先把面粉调成"雪花状"，再揉成软硬适中的水油面团。用湿毛巾或保湿膜盖好饧面。		和面要光滑，注意掌握好饧面时间。

🍳 步骤2　制作馅心

序号 Number	流程 Step	图解 Comment	安全／质量 Safety/Quality
1	将 70 克玫瑰酱、70 克猪油、20 克蜂蜜倒入料缸中拌匀。		用馅挑（筷子）调制，朝一个方向搅拌。
2	倒入白糖、熟面粉拌匀。		稍加拌匀即可，不可过度搅拌，以免变黏。熟面粉的量可根据玫瑰酱的含水量灵活调整。
3	在案板上撒上熟面粉，搓成长条。		不可撒生面粉，否则影响口感。
4	用面刮切成大小均匀的剂。		馅心的大小一致。

步骤 3　下剂开酥

序号 Number	流程 Step	图解 Comment	安全 / 质量 Safety/Quality
1	把水油面团和油酥面团分别搓成长条。		两手用力要均匀，剂条粗细一致。
2	分别将水油面团和油酥面团下剂。		水油面团用摘剂的方法下剂，油酥面团用切剂的方法下剂。
3	将水油面剂子放在案板上或左手手心上，按成圆皮。		圆皮要中间厚、四周薄。
4	将油酥面剂子放在水油面皮上包成球形。		摆放的位置要正，收口要紧。
5	将包好的剂子按扁后再擀成鸭舌状的面皮。		用力轻重有节，防止破酥。
6	将面皮由外向内卷成圆筒。		卷筒要卷紧。

步骤 4　包馅成形

序号 Number	流程 Step	图解 Comment	安全 / 质量 Safety/Quality
1	将卷筒按扁后折成 4 折，再按扁。		用手掌按扁，尽量按成圆形。

续表

序号 Number	流程 Step	图解 Comment	安全 / 质量 Safety/Quality
2	用擀面杖按成中间厚、边缘薄的剂子。		擀皮时要把握用力轻重，尽量擀成圆形。
3	把馅心上剂皮中间，右手挤捏，左手旋转，包成圆球后，再按成扁圆形。		馅心摆放要居中，不要破馅。

🧑‍🍳 **步骤5 成熟装盘**

序号 Number	流程 Step	图解 Comment	安全 / 质量 Safety/Quality
1	调好烤箱温度，将扁圆形的生坯整齐码放在烤盘中，推入烤箱用上、下文200 ℃烘烤。		码放要整齐，生坯之间的间距一致。
2	将烤好玫瑰鲜花饼放在合适的盘中。		注意盘子的大小、色彩、装饰的协调性。

2）实操演练

小组合作完成鲜花饼的制作。学生参照操作步骤与质量标准，进行小组技能实操训练，共同完成教师布置的任务，在制作中尽可能符合质量要求。

（1）任务分配

①将学生分为4组，每组发一套馅心和制作工具。学生独立拌制馅心，馅心应软硬适中、香甜适口。

②每组发一套皮坯原料和制作工具。学生自己调制面团，再经下剂开酥、包馅成形等几个步骤，做成大小一致的生坯。

③提供烤箱给学生。学生调节炉温，烘烤成熟，品尝成品。成品的色泽口感要符合质量标准。

（2）操作条件

工作场地需要一间30平方米的实训室，设备需要烤箱1个，面杖、料缸等工具4套，工作服，原材料等。

（3）操作标准

色泽洁白，形态饱满，层次分明，酥脆香甜，花香浓郁。

（4）安全须知

烤箱门有弹性，要轻开轻关，防止夹手，出烤箱时要戴上手套，防止烫伤。

3）技能测评

被评价者：_____

训练项目	训练重点	评价标准	小组评价	教师评价
玫瑰鲜花饼制作	调制面团	调制面团时，符合规范操作，面团软硬适当。	Yes □ /No □	Yes □ /No □
	制作馅心	按步骤操作，馅心香甜，软硬适中。	Yes □ /No □	Yes □ /No □
	下剂开酥	下剂、包酥、开酥方法正确，皮子薄厚均匀，层次清晰。	Yes □ /No □	Yes □ /No □
	包馅成形	馅心居中，收口较紧。	Yes □ /No □	Yes □ /No □
	成熟装盘	成熟方法正确，色泽洁白，口感香甜。	Yes □ /No □	Yes □ /No □

评价者：_____

日　期：_____

[总结归纳]

总结教学重点，提炼操作要领

小组合作完成任务。学生通过玫瑰鲜花饼的制作，掌握馅心制作、油酥面团的调制及开酥方法，以后可以制作其他的层酥点心。学生在完成任务的过程中，学会相互配合，动手操作及装饰点心，通过作品的呈现实现自我价值，把作品转化为产品，为企业争创经济效益。

教学重点

油酥面团调制、开酥的方法。

操作要领

1. 调制水油面团时水分要合适，和面时采用揉制的手法，面团要柔软光滑。

2. 水油面团与油酥面团的软硬度要一致，可用大包酥或小包酥的方法开酥，开酥时用力得当，以免破酥。

一、思考回答

1.水油面团和油酥面团制作的层酥面团还可以制作哪些面点品种？

2.还有哪些点心可用鲜花馅制作？

二、回家作业

1.小组完成实训总结。

2.有条件的学生在家里再做一次玫瑰鲜花饼。

4.2.9 荞糕制作

[任务描述]

　　云南北部地处高寒山区，素有种植荞麦的历史，荞麦粉因此成为云南特产。勤劳智慧的云南人巧妙地把荞麦粉用于面点制作，开发了一系列荞类面点。荞糕因色泽艳丽、松软香甜、荞香浓醇、营养丰富，是云南人最喜欢的地方性面点品种，广泛用于早点、午点及筵席中。

[学习目标]

1.掌握化学膨松酥面团的调制和制作方法。

2.掌握蒸制的操作要求。

3.学会荞糕的制作。

[任务实施]

边看边想 → 边做边学 → 总结归纳 → 拓展提升

[边看边想]

相关知识介绍

你知道吗？制作荞糕需要用的设备、用具、原料和调味料。

设　备：操作台、炉灶、蒸锅、蒸笼等。

用　具：电子秤、料缸、蛋刷、纸模、裱花袋等。

原　料：荞麦粉100克，面粉150克，猪油50克，泡打粉7.5克，小苏打3克，水等适量。

调味料：白糖75克，醋3滴。

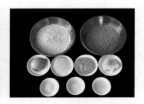

[知识链接]

1. 荞糕用什么面团制作？

荞糕用化学膨松酥面团制作。

2. 荞糕采用怎样的调制工艺流程？

鸡蛋、水 ⟶ 猪油、小苏打、泡打粉

荞粉、面粉、白糖 ——→ 调匀 ——→ 调匀 ——→ 挤浆 ——→ 蒸制 ——→ 成熟

3. 荞糕采用哪种成熟方法？

蒸制法。

[成品要求]

1. 色泽棕黄，形态美观。
2. 大小均匀，松软香甜。

[边做边学]

操作步骤

调制面糊 → 挤浆成形 → 成熟装盘

1）操作指南

👨‍🍳 **步骤1　调制面糊**

序号 Number	流程 Step	图解 Comment	安全／质量 Safety/Quality
1	荞麦粉、面粉、白糖称好倒入盆中，打入鸡蛋，再倒入适量的水搅拌。		水可多次加入面粉中，便于调节面糊的浓度。
2	加入猪油、小苏打、泡粉调匀。		在调制过程中，掌握好面糊的浓度。
3	加入适量的白醋调匀。		左右手相互配合。

👨‍🍳 **步骤 2　挤浆成形**

序号 Number	流程 Step	图解 Comment	安全／质量 Safety/Quality
1	左手撑开裱花袋，右手拿料缸浆，将调好的面糊倒入裱花袋中。		面糊不要装太多，以免影响挤浆。
2	左右手配合，将面糊挤入纸模中。		左手用力不能过大，左右手配合要协调，不要过多或过少，五成满即可。
3	在挤好的荞麦糊上均匀撒上熟芝麻。		芝麻要提前炒熟。

👨‍🍳 **步骤 3　成熟装盘**

序号 Number	流程 Step	图解 Comment	安全／质量 Safety/Quality
1	水烧开，将挤好的面浆旺火蒸制 10 分钟。		加水量要足够，蒸汽要足。蒸制过程中不可加水，也不可开笼。
2	成熟后放入合适的盘中，装饰即可。		出笼时要小心，避免烫伤。

2）实操演练

　　小组合作完成荞糕的制作任务。学生参照操作步骤与质量标准，进行小组技能实操训练，共同完成教师布置的任务，在制作中尽可能符合质量要求。

（1）任务分配

　　①将学生分为4组，每组发一套调制面糊的工具。学生按照操作流程，完成面糊的调制。

　　②每组发30套模具。学生自己挤浆成形。

　　③提供炉灶、水锅、蒸笼给学生。学生自己点燃煤气，调节火候，蒸熟荞糕，品尝成品。荞糕的口味和形状要符合要求，松软香甜。

（2）操作条件

工作场地需要一间30平方米的实训室，设备需要炉灶4个、操作的工具4套、服装多套。

（3）操作标准

荞糕色泽棕黄，质地膨松，口感香甜。

（4）安全须知

成熟时小心被蒸汽烫伤。

3）技能测评

被评价者：＿＿＿＿＿＿＿＿＿＿

训练项目	训练重点	评价标准	小组评价	教师评价
荞糕的制作	调制面糊	拌制时按步骤操作，掌握水的加入量。	Yes □ /No □	Yes □ /No □
	挤浆成形	左右手相互配合，手法灵活。	Yes □ /No □	Yes □ /No □
	成熟装盘	成熟方法正确，成品色泽棕黄，裂纹自然，口感香甜。	Yes □ /No □	Yes □ /No □

评价者：＿＿＿＿＿＿＿＿

日　期：＿＿＿＿＿＿＿＿

[总结归纳]

总结教学重点，提炼操作要领

小组合作完成任务。学生通过荞糕的制作，掌握面糊的调制方法和挤浆的手法，以后可以制作类似的点心。学生在完成任务的过程中，学会共同配合，勤于动手，通过作品的呈现实现自我价值，把作品转化为产品，为企业争创经济效益。

教学重点

面糊的调制，挤浆的手法，蒸制的方法。

操作要领

1.水量要控制好，面浆的浓度要合理。

2.挤浆时手法要灵活，挤浆量不要过多或过少。

3.蒸制时水量要够，蒸汽要足，成品开裂自然。

[拓展提升]

思维的拓展，技能的提升

一、思考回答

1.荞糕能否放入馅心，怎样放？

2.荞糕中可否放入其他原料,做成其他的杂粮点心?

二、回家作业

1.完成实训总结。

2.为家人做一份荞糕。

参考文献

［1］钟志惠.面点制作工艺［M］.2版.南京：东南大学出版社，2012.

［2］朱在勤.中国风味面点［M］.北京：中国纺织出版社，2008.

［3］孙一慰.烹饪原料知识［M］.3版.北京：高等教育出版社，2017.

［4］陈君.中餐面点基础［M］.重庆：重庆大学出版社，2013.

［5］孙长杰，钱峰.面点制作技艺［M］.北京：中国轻工业出版社，2014.

［6］林颐楠，张玉玲.广东点心［M］.北京：金盾出版社，1995.

［7］李永军.广东点心［M］.重庆：重庆大学出版社，2014.

［8］陈文阁，潘芙.中式面点综合实训［M］.2版.重庆：重庆大学出版社，2022.

［9］张桂芳.中式点心制作［M］.2版.重庆：重庆大学出版社，2022.

［10］唐进，陈瑜.中式面点制作［M］.重庆：重庆大学出版社，2021.